普通高等教育"十三五"规划教材

数据库技术及应用
实践教程

周 洁 主 编
刘冬霞 李增祥 副主编

电子工业出版社
Publishing House of Electronics Industry
北京·BEIJING

内 容 简 介

本书是《数据库技术及应用》的配套教材,书中所有上机练习均是作者在教学过程中精心设计、总结提炼的。每个实验侧重一个或几个知识点,通过每章的实验,由浅入深地介绍了数据库和数据表的建立,以及查询、窗体、报表、宏、VBA 程序的建立及使用,将学习过程中的每个知识点融入到系统的开发中。本书实例丰富、体系清晰,通过实验和习题加深学生对 Access 2010 的理解,可使学生的应用能力得到较大幅度的提升。

全书共三部分,包括每章节内容、参考答案和综合练习题。本书具有与教材内容相对应的章节实验练习,每一章节内容由学习指导(要点)、习题和实验安排组成,其中,"学习指导"部分指出了本章的重要知识点,"习题"部分列出了和知识点对应的题目,"实验安排"详细介绍了实验的具体操作过程和方法。最后,按照大纲的要求,精选了大量习题,让学生通过大量的练习,充分掌握数据库的基本知识,有目的地对知识结构的薄弱环节进行强化。同步练习和综合测试配有参考答案。

本书可作为高等院校非计算机专业学生"Access 数据库程序设计"课程的配套用书,也可作为广大 Access 爱好者的学习参考用书。

未经许可,不得以任何方式复制或抄袭本书之部分或全部内容。
版权所有,侵权必究。

图书在版编目(CIP)数据

数据库技术及应用实践教程 / 周洁主编. — 北京:电子工业出版社,2018.2
ISBN 978-7-121-33098-8

Ⅰ. ①数… Ⅱ. ①周… Ⅲ. ①数据库系统—高等学校—教材 Ⅳ. ①TP311.13

中国版本图书馆 CIP 数据核字(2017)第 287512 号

策划编辑:秦淑灵　杜　军
责任编辑:秦淑灵
印　　刷:北京虎彩文化传播有限公司
装　　订:北京虎彩文化传播有限公司
出版发行:电子工业出版社
　　　　　北京市海淀区万寿路 173 信箱　邮编:100036
开　　本:787×1 092　1/16　印张:8.5　字数:217.6 千字
版　　次:2018 年 2 月第 1 版
印　　次:2023 年 7 月第 9 次印刷
定　　价:25.00 元

凡所购买电子工业出版社图书有缺损问题,请向购买书店调换。若书店售缺,请与本社发行部联系,联系及邮购电话:(010)88254888,88258888。
质量投诉请发邮件至 zlts@phei.com.cn,盗版侵权举报请发邮件至 dbqq@phei.com.cn。
本书咨询联系方式:(010)88254531。

前　　言

　　数据库技术及应用是高等学校本、专科非计算机专业的一门公共基础课，本课程的目的是提高学生信息素养、拓宽知识面，培养学生在各专业领域内用计算机进行数据和信息处理的意识和能力。

　　Access 是 Microsoft 公司开发的 Office 办公软件的组成部分，是应用广泛的关系型数据库管理系统之一，既可作为面向用户的数据库管理软件，又可作为软件开发工具，简单易学。许多高校已经将其列入非计算机专业的教学计划，全国计算机等级考试大纲也将 Access 作为二级（程序设计）考试的可选语言之一。

　　本书与《数据库技术及应用》一书相配套，目的在丁帮助学生深入理解教材内容，巩固基本概念，培养学生的动手操作能力，使其了解 Access 的操作及运行环境，从而切实掌握 Access 的应用。

　　本书共两部分，第一部分为实验指导，配合教材的各章内容，让学生在课后独立完成，使学生进一步提高操作水平，能够熟练掌握从教材中所学的知识。第二部分是习题解答，该部分习题与教材各章内容相对应，参照了计算机等级考试二级标准组织内容，并附有参考答案，希望对参加 Access 数据库应用技术等级考试（二级）的读者有所帮助。通过上述操作、思考加练习的方式，能起到抛砖引玉的作用，为学生以后的学习打下良好的基础。

　　本书由周洁任主编，由刘冬霞、李增祥任副主编，在教材编写过程中，李业刚、巨同升等老师提出了许多宝贵意见，在此表示衷心感谢。

　　因编写时间仓促及作者水平有限，书中难免出现疏漏之处，恳请同行及读者批评指正。

编　者

2017 年 10 月

目 录

第 1 章 数据库基础 ... 1
- 1.1 学习指南 ... 1
- 1.2 习题 ... 2
- 1.3 实验 ... 7
  - 实验 数据库设计 ... 7

第 2 章 Access 数据库与表 ... 10
- 2.1 学习指南 ... 10
- 2.2 习题 ... 11
- 2.3 实验 ... 16
  - 实验一 创建数据库 ... 16
  - 实验二 表及数据操作 ... 20

第 3 章 查询 ... 27
- 3.1 学习指南 ... 27
- 3.2 习题 ... 28
- 3.3 实验 ... 35
  - 实验一 查询设计 ... 35
  - 实验二 复杂查询 ... 38
  - 实验三 SQL 查询语句练习 ... 39

第 4 章 窗体 ... 43
- 4.1 学习要点 ... 43
- 4.2 习题 ... 43
- 4.3 实验 ... 45
  - 实验一 创建窗体 ... 45
  - 实验二 窗体中添加控件 ... 51
  - 实验三 创建"资产管理系统"窗体 ... 55

第 5 章 报表 ... 56
- 5.1 学习要点 ... 56
- 5.2 习题 ... 56
- 5.3 实验 ... 58
  - 实验一 报表的建立 ... 58

　　　　实验二　创建图表报表 ·· 61
第 6 章　宏 ·· 64
　　6.1　学习要点 ··· 64
　　6.2　习题 ·· 64
　　6.3　实验 ·· 65
第 7 章　模块与 VBA 程序设计 ··· 73
　　7.1　知识要点 ··· 73
　　　　一、模块的基本概念 ·· 73
　　　　二、创建模块 ·· 73
　　　　三、调用和参数传递 ·· 73
　　　　四、VBA 程序设计基础 ·· 73
　　7.2　习题 ·· 73
　　7.3　实验 ·· 80
　　　　实验　模块与 VBA 程序设计 ··· 80
附录　答案 ·· 95
Access 2010 练习题一 ·· 101
Access 2010 练习题二 ·· 106
Access 2010 练习题三 ·· 111
Access 2010 练习题四 ·· 117
Access 2010 练习题五 ·· 120
Access 2010 练习题六 ·· 123

第1章 数据库基础

1.1 学习指南

【学习要点】

1. 基本概念：数据，信息，数据处理，数据库，数据库管理系统。
2. 数据管理经历的几个阶段及其特点。
3. 数据模型及其分类，数据模型的作用。
4. 关系模型，关系，元组，属性，字段，域，值，主关键字，外部关键字，关系的要求及特点。
5. 关系运算：专门关系运算及传统集合运算，选择、投影、连接、笛卡儿积运算；
传统集合运算：并、差、交；
每种运算的方式及特点。
6. 数据库开发流程。

需求分析包括发现和了解目标用户的需求，进而确定软件的功能，建立相应的需求模型。需求分析阶段的工作：获取需求，需求分析，编写需求规格说明书和需求评审。需求规格说明书的作用。

在需求分析阶段使用的分析方法：结构化分析方法和面向对象的分析方法。

结构化分析方法的分析工具：数据流图（DFD）、数据字典（DD）。

概要设计的任务：把需求分析阶段确定的软件功能进行分解，分解为相应的几个模块。

详细阶段的任务：确定每个模块的具体实现算法和细节。

【知识点列表】

1. 数据、信息、数据处理。
2. 数据管理的发展。

在人工管理、文件系统、数据库系统阶段中数据和程序的关系；

数据库阶段出现的数据库技术的主要解决问题。

3. 数据库(DB)：结构化的相关数据集合。

数据库管理系统(DBMS)：用来建立、维护数据库的软件。

数据库应用系统(DBAS)：利用数据库技术和数据库相关的资源建立一个面向实际应用的系统。任何一个数据库应用系统，都是建立在数据库的基础上的。

数据库系统：引入数据库技术的计算机系统，包括数据库集合（多个数据库）、数据库管理系统、数据库管理员、硬件系统、用户、数据库管理员。基础和核心：数据库管理系统。

4. 数据库系统的特点。

5．实体：现实生活中的事物。

属性：实体的特性。属性的名字和属性的值。

　　一个实体是由多个属性值的集合来描述的，实体的类型(实体型)是由属性的名称来体现的。

6．实体之间的联系。

7．数据模型的作用和目的：用来表示描述事物本身数据之间的联系，以及相关事物之间的联系。

8．数据模型的分类及其表示工具。

层次数据模型：用树状结构来表示的，父结点、子结点、根结点，层次数据模型的要求；

网状数据模型；

关系数据模型：用二维表来表示。

9．关系数据模型的相关概念。

元组 = 行 = 实体 = 字段值的集合。

列 = 属性 = 字段。

字段值 = 属性值 = 数据项。

表 = 实体的集合。

属性的域 = 字段值的范围。

关键字，外部关键字。

10．关系的要求及特点。

11．关系的运算。

传统的集合运算：并、差、交。

专门的关系运算：选择、投影、连接。

自然连接、等值连接。

12．数据库设计包括两方面内容：概要设计和逻辑设计。

概要设计的目的：分析数据内在的语义关系，建立概念数据模型(E-R 模型)。

逻辑设计的目的：把 E-R 模型转换成相应的关系模式。E-R 图中的实体、联系可以转换成关系，属性可以转换成关系的属性。

1.2 习　　题

一、单项选择题

1．数据库系统的数据管理方式，下列说法中不正确的是(　　)。

　　A．数据库减少了数据冗余

　　B．数据库中的数据可以共享

　　C．数据库避免了一切数据的重复

　　D．数据库具有较高的数据独立性

2. 数据库系统的核心是（　　）。
   A. 数据库管理系统　　　　　　　　B. 数据库
   C. 数据模型　　　　　　　　　　　D. 数据
3. 用二维表来表示实体及实体之间联系的数据模型是（　　）。
   A. 联系模型　　　　　　　　　　　B. 层次模型
   C. 网状模型　　　　　　　　　　　D. 关系模型
4. 在下列四个选项中，不属于基本关系运算的是（　　）。
   A. 连接　　　　　　　　　　　　　B. 投影
   C. 选择　　　　　　　　　　　　　D. 排序
5. 一辆汽车由多个零部件组成，且相同的零部件可适用于不同型号的汽车，则汽车实体集与零部件实体集之间的联系是（　　）。
   A. 多对多　　　　　　　　　　　　B. 一对多
   C. 多对一　　　　　　　　　　　　D. 一对一
6. 关系 R 和关系 S 的交运算是（　　）。
   A. 由关系 R 和关系 S 的所有元组合并组成的集合，再删去重复的元组
   B. 由属于 R 而不属于 S 的所有元组组成的集合
   C. 由既属于 R 又属于 S 的元组组成的集合
   D. 由 R 和 S 的元组连接组成的集合
7. 数据库类型是根据（　　）划分的。
   A. 数据模型　　　　　　　　　　　B. 文件形式
   C. 记录形式　　　　　　　　　　　D. 存取数据方法
8. 设有部门和员工两个实体，每个员工只能属于一个部门，一个部门可以有多名员工，则部门与员工实体之间的联系类型是（　　）。
   A. 多对多　　　　　　　　　　　　B. 一对多
   C. 多对一　　　　　　　　　　　　D. 一对一
9. 在关系型数据库管理系统中，查找满足一定条件的元组的运算称为（　　）。
   A. 查询　　　　　　　　　　　　　B. 选择
   C. 投影　　　　　　　　　　　　　D. 连接
10. 从关系表中，通过关键字挑选出相关表指定的属性组成新的表的运算称为（　　）。
    A. "选择"运算　　　　　　　　　　B. "投影"运算
    C. "连接"运算　　　　　　　　　　D. "交"运算
11. 设关系 R 和 S 的元组个数分别为 10 和 30，关系 T 是 R 与 S 的笛卡儿积，则 T 的元组个数是（　　）
    A. 40　　　　　　　　　　　　　　B. 100
    C. 300　　　　　　　　　　　　　 D. 900
12. 在 E-R 图中，用来表示实体的图形是（　　）。
    A. 矩形　　　　　　　　　　　　　B. 椭圆形实体属性
    C. 菱形相互关系　　　　　　　　　D. 三角形

13. 把 E-R 图转换成关系模型的过程，属于数据库设计的（   ）。
   A．概念设计　　　　　　　　　　B．逻辑设计
   C．需求分析　　　　　　　　　　D．物理设计
14. 关系数据库系统能够实现的三种基本关系运算是（   ）。
   A．索引、排序、查询　　　　　　B．建库、输入、输出
   C．选择、投影、连接　　　　　　D．显示、统计、复制
15. 关系数据库是以（   ）为基本结构而形成的数据集合。
   A．数据表　　　　　　　　　　　B．关系模型
   C．数据模型　　　　　　　　　　D．关系代数
16. 如果对一个关系实施了一种关系运算后得到了一个新的关系，而且新的关系中属性个数少于原来关系中的属性个数，这说明所实施的运算关系是（   ）。
   A．选择　　　　　　　　　　　　B．投影
   C．连接　　　　　　　　　　　　D．并
17. 关系数据管理系统中，所谓的关系是（   ）。
   A．各条记录中的数据有一定的关系
   B．一个数据文件与另一个数据文件之间有一定的关系
   C．数据模型符合满足一定条件的二维表格式
   D．数据库中各个字段之间有一定的关系
18. 下列关于实体描述错误的是（   ）。
   A．实体是客观存在并相互区别的事物
   B．不能用于表示抽象的事物
   C．既可以表示具体的事物，也可以表示抽象的事物
   D．数据独立性较高
19. 在同一学校中，系和教师的关系是（   ）。
   A．一对一　　　　　　　　　　　B．一对多
   C．多对一　　　　　　　　　　　D．多对多
20. 在同一学校中，人事部门的教师表和财务部门的工资表的关系是（   ）。
   A．一对一　　　　　　　　　　　B．一对多
   C．多对一　　　　　　　　　　　D．多对多
21. 在关系数据模型中，域是指（   ）。
   A．字段　　　　　　　　　　　　B．记录
   C．属性　　　　　　　　　　　　D．属性的取值范围
22. 下面关于关系描述错误的是（   ）。
   A．关系必须规范化
   B．在同一个关系中不能出现相同的属性名
   C．关系中允许有完全相同的元组
   D．在一个关系中列的次序无关紧要

第 1 章 数据库基础 5

23. 设有选修计算机基础的学生关系 R，选修数据库 Access 的学生关系 S。求选修了计算机基础而没有选修数据库 Access 的学生，则需进行的运算是（　　）。
   A．并　　　　　　　　　　B．差
   C．交　　　　　　　　　　D．或

24. 计算机基础的学生关系 R，选修数据库 Access 的学生关系 S。求选修了计算机基础又选修数据库 Access 的学生，则需进行的运算是（　　）。
   A．并　　　　　　　　　　B．差
   C．交　　　　　　　　　　D．或

25. 要从教师表中找出职称为教授的教师，则需要进行的关系运算是（　　）。
   A．选择　　　　　　　　　B．投影
   C．连接　　　　　　　　　D．求交

26. 要从学生关系中查询学生的姓名和班级，则需要进行的关系运算是（　　）。
   A．选择　　　　　　　　　B．投影
   C．连接　　　　　　　　　D．求交

27. 在分析建立数据库的目的时应该（　　）。
   A．将用户需求放在首位
   B．确定数据库结构与组成
   C．确定数据库界面形式
   D．以上所有选项

28. 在设计 Access 数据库中的表之前，应先将数据进行分类，分类原则是（　　）。
   A．每个表应只包含一个主题的信息
   B．表中不应该包含重复信息
   C．信息不应该在表之间复制
   D．以上所有选项

29. 模型是对现实世界的抽象，在数据库技术中，用模型的概念描述数据库的结构与语义，对现实世界进行抽象，表示实体类型及实体间联系的模型称为（　　）。
   A．数据模型　　　　　　　B．实体模型
   C．逻辑模型　　　　　　　D．物理模型

30. 关系模型概念中，不含有多余属性的超码称为（　　）。
   A．候选码　　　　　　　　B．外码
   C．内码　　　　　　　　　D．主码

31. 下列不属于需求分析阶段工作的是（　　）。
   A．分析用户活动
   B．建立 E-R 图
   C．建立数据字典
   D．建立数据流图

32. 在关系数据库设计中，关系数据模型是（　　）的任务。
   A．需求分析阶段

B．概念设计阶段

C．逻辑结构设计阶段

D．物理设计阶段

33．数据库物理设计完成后，进入数据库实施阶段，下列各项中不属于实施阶段的工作是（   ）。

  A．建立数据库   B．扩充功能

  C．加载数据   D．系统调试

二、填空题

1．从层次角度看，数据库管理系统是位于_____与_____之间的一层数据管理软件。

2．用二维表数据来表示实体及实体之间联系的数据模型称为_____。

3．两个实体集之间的联系方式有_____、_____和_____。

4．关系模型是用若干个_____来表示实体及其联系，关系通过关系名和属性名来定义。关系的每一行是一个_____，表示一个实体；每一列是记录中的一个数据项，表示实体的一个_____。

5．在关系数据库中，一个二维表中垂直方向的列称为属性，在表文件中叫做一个_____。

6．在关系数据库中，一个属性的取值范围叫做一个_____。

7．若关系中的某一属性组的值能唯一地标识一个元组，则称该属性组为_____。

8．对关系进行选择、投影或连接运算之后，运算的结果仍然是一个_____。

9．关系模型提供了三种完整性约束，分别是用户自定义完整性、_____和_____。

10．选择关系 R 中的若干属性组成新的关系，并去掉了重复元组，称为_____运算。

11．数据流图是在数据库_____阶段完成的。

12．在数据库设计中，用 E-R 图来描述信息结构但不涉及信息在计算机中的表示，它属于数据库设计的_____阶段。

三、简答题

1．什么是数据库？什么是数据库系统？

2．什么是数据库管理系统？它有哪些主要功能？

3．说出几种常用的数据模型。

4．什么是关系模型？

5．简述数据库设计的步骤。

6．假设一个学生可选多门课程（假设至多 25 门，至少 20 门），而一门课程又有多个学生选修（假设每门课程至少 5 人，至多 120 人），一个教师至多可讲 3 门课程，一门课程至多只有一个教师讲授。试画出其教学管理的实体联系模型 E-R 图。

7．某百货公司有若干连锁商店，每家商店经营若干商品，每家商店有若干职工，但每个职工只能服务于一家商店，试描述该百货公司的 E-R 模型，并给出每个实体、联系的属性。

1.3 实　　验

实验　数据库设计

【实验目的】
掌握数据库设计的方法和步骤。

【实验内容】
分析资产管理系统数据库；
进行概念结构设计，并画出 E-R 图；
进行逻辑结构设计，将 E-R 图转换为关系模型；
设计各关系中的属性。

【实验步骤】

1. 需求分析

数据库需求分析是整个设计过程的基础，在分析阶段，设计者通过调查、询问等方法了解业务流程、用户的实际要求，与用户达成共识；了解用户能提供哪些数据，要实现哪些功能，并以数据流图、数据字典描述出来，这需要用户密切配合合作。

本实验假设性分析资产管理系统的主要功能：根据物资出、入库的数据信息进行分析以掌握物资的库存情况，以便使其管理更加系统化、完善化，更有利于保管者方便、快捷、有效率地完成工作。

资产管理系统总体设计：系统开发的总体任务是实现资产的管理，主要完成的功能如下。

(1) 入库管理：实现物品入库登记功能，主要记录了物品的基本信息，包括入库编号、资产编号、入库数量、入库日期、仓库编号、经手人编号。

(2) 出库管理：实现资产出库登记功能，主要记录了资产的基本信息，包括出库编号、资产编号、出库数量、出库时间、仓库编号、经手人编号。

(3) 仓库管理：包括库存查询、库存删除、库存统计、库存报表。

①库存查询：提供查询功能。管理员在查询页面输入要查询货物的全部或部分信息，便可方便地查询出需要的货物。

②库存删除：提供删除货物记录功能。管理员可以浏览货物清单，删除其中某件货物的记录。

③库存统计：实现统计仓库中现有的货物。

④库存报表：即统计后的库存信息，形成报表，可供更好地记录或查询。

2. 概念结构设计

(1) 物理结构

物理结构如图 1-1 所示。

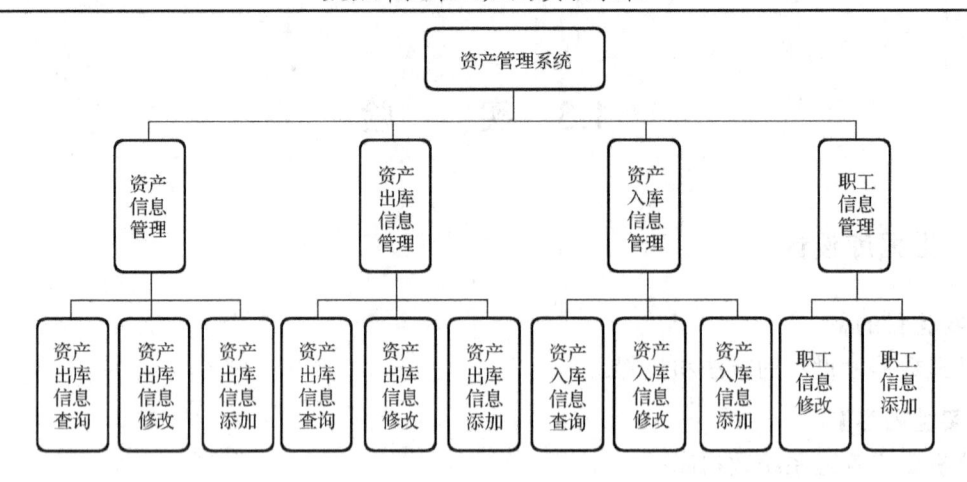

图 1-1 物理结构图

(2) 逻辑结构

物资基本信息 E-R 图如图 1-2 所示。

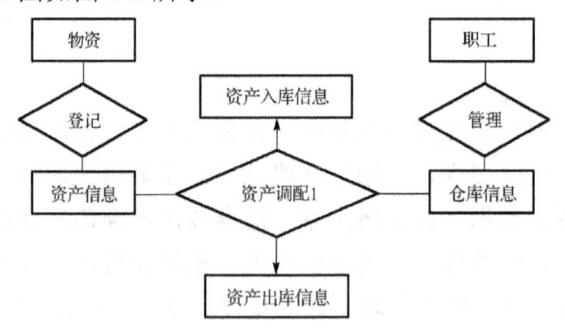

图 1-2 物资基本信息 E-R 图

3．逻辑结构设计

将概念结构设计的 E-R 图转换为 DBMS 产品（即 Access）所支持的逻辑结构。Access 支持关系模型，因此，要将上面的 E-R 图转换为关系模型。加下画线的为主键。

资产信息表(<u>资产编号</u>，资产名称，类别，规格型号，计量单位，单价，是否耗材)
职工信息表(<u>职工编号</u>，姓名，性别，出生日期，入职日期，政治面貌，联系电话)
资产入库表(<u>入库编号</u>，资产编号，入库数量，入库日期，仓库编号，经手人编号)
资产出库表(<u>出库编号</u>，资产编号，出库数量，出库日期，仓库编号，经手人编号)
仓库信息表(<u>仓库编号</u>，仓库名称，仓库地点，面积)

根据实际情况分别确定以上关系中各个属性(字段)的数据类型、值域范围以及关键字、约束等。表 1-1～表 1-5 给出了 Access 中各表的字段属性，仅供参考。

表 1-1 资产信息表

字 段 名	数据类型	字段大小	是否必需	允许空串	索 引
资产编号	文本	5	是	否	主键
资产名称	文本	10	是	否	无
类 别	文本	10	否	是	有(有重复)
规格型号	文本	2	否	是	无

续表

字段名	数据类型	字段大小	是否必需	允许空串	索引
计量单位	文本	1	否	是	无
单价	货币	—	是	—	无
是否耗材	是/否	—	—	—	无

表 1-2 职工信息表

字段名	数据类型	字段大小	是否必需	允许空串	索引
职工编号	文本	5	是	否	主键
姓名	文本	10	否	是	无
性别	文本	1	否	是	无
出生日期	日期/时间	—	否	—	无
入职日期	日期/时间	—	否	—	无
政治面貌	文本	8	否	是	无
联系电话	文本	11	是	否	有(无重复)

表 1-3 资产入库表

字段名	数据类型	字段大小	是否必需	允许空串	索引
入库编号	文本	5	是	否	主键
资产编号	文本	5	是	否	有(有重复)
入库数量	数字	整型	否	—	无
入库日期	日期/时间	—	否	—	无
仓库编号	文本	4	否	是	无
经手人编号	文本	5	否	是	无

表 1-4 资产出库表

字段名	数据类型	字段大小	是否必需	允许空串	索引
出库编号	文本	5	是	否	主键
资产编号	文本	5	是	否	有(有重复)
出库数量	数字	整型	否	—	无
出库日期	日期/时间	—	否	—	无
仓库编号	文本	4	否	是	无
经手人编号	文本	5	否	是	无

表 1-5 仓库信息表

字段名	数据类型	字段大小	是否必需	允许空串	索引
仓库编号	文本	4	是	否	主键
仓库名称	文本	10	否	是	无
仓库地点	文本	30	否	是	无
面积	数字	单精度型	否	—	无

第 2 章　Access 数据库与表

2.1　学 习 指 南

【学习要点】

1．Access 系统简介

（1）Access 系统的基本特点。

（2）基本对象：表，查询，窗体，报表，页，宏，模块。

2．表的建立

（1）建立表结构：使用向导，使用表设计器，使用数据表。

（2）设置数据类型，设置字段属性。

（3）输入数据：直接输入数据，获取外部数据。

3．表的维护

（1）修改表结构：添加字段，修改字段，删除字段，重新设置主关键字，设置数据类型，修改字段属性。

（2）编辑表内容：添加记录，修改记录，删除记录，复制记录。

（3）调整表外观。

4．表的其他操作

（1）查找数据。

（2）替换数据。

（3）排序记录。

（4）筛选记录。

【知识点概要】

1．表的建立方式，字段的要求，字段数据类型的分类及特点。

2．字段属性：每种属性的作用。常用的属性：默认值，格式，字段大小，有效性规则，有效性文本，输入掩码，必填字段及输入掩码符号的特殊含义(0,9, ?, A,L,a)。

3．建立表与表之间的关系。

建立关系的作用。两张表是通过什么建立关系的？对建立关系的公共字段有什么要求？建立关系时两张表能否打开？其他表是否有要求？

建立关系时，参照完整性的选项作用是什么？级联更新及级联删除的作用是什么？

4．修改表结构：添加字段，修改字段名称，修改字段属性，设置关键字(单个字段及多个字段设置)。

5．表的视图及每个视图下能够进行的操作。

6. 数据操作：浏览记录，修改记录，删除记录，复制记录，粘贴记录，查找数据，排序数据，筛选数据。

(1)查找数据：查找数据的通配符(*，#，?，[]，[!])的含义。

(2)排序数据：排序数据的规则及文本型字段里面存储数字时是怎么排序的？什么数据类型的字段不能排序？如果想要以多个字段值为依据进行排序，应该用什么命令？

(3)筛选数据：筛选的作用，筛选的分类及特点。

7. 获得外部数据。导入表或连接表，它们之间的区别。

2.2 习 题

一、单项选择题

1. 下面关于 Access 表的叙述中，错误的是(　　)。
   A. 在 Access 表中，可以对备注型字段进行"格式"属性设置
   B. 删除表中含有自动编号型字段的一条记录后，Access 不会对表中自动编号型字段重新编号
   C. 创建表之间的关系时，应关闭所有打开的表
   D. 可在 Access 表的设计视图"说明"列中，对字段进行具体的说明

2. 在 Access 表中，可以定义 3 种主关键字，它们是(　　)。
   A. 单字段、双字段和多字段
   B. 单字段、双字段和自动编号
   C. 单字段、多字段和自动编号
   D. 双字段、多字段和自动编号

第 3、4 题使用已建立的"tEmployee"表，表结构及表内容如表 2-1 和表 2-2 所示。

表 2-1　tEmployee 表结构

字段名称	字段类型	字段大小
雇员 ID	文本	10
姓名	文本	10
性别	文本	1
出生日期	日期/时间	
职务	文本	14
简历	备注	
联系电话	文本	8

表 2-2　tEmployee 表内容

雇员 ID	姓　名	性　别	出生日期	职　务	简　历	联系电话
1	王宁	女	1960-1-1	经理	1984 年大学毕业，曾是销售员	35976450
2	李清	男	1962-7-1	职员	1986 年大学毕业，现为销售员	35976451
3	王创	男	1970-1-1	职员	1993 年专科毕业，现为销售员	35976452
4	郑炎	女	1978-6-1	职员	1999 年大学毕业，现为销售员	35976453
5	魏小红	女	1934-11-1	职员	1956 年专科毕业，现为管理员	35976454

3. 在"tEmployee"表中,"姓名"字段的字段大小为 10,在此列输入数据时,最多可输入的汉字数和英文字符数分别是(　　)。
  A. 5　　5   B. 5　　10
  C. 10　　10   D. 10　　20

4. 若要确保输入的联系电话值只能为 8 位数字,应将该字段的输入掩码设置为(　　)。
  A. 00000000   B. 99999999
  C. ########   D. ????????

5. 若要求在文本框中输入文本时达到密码"*"号的显示效果,则应设置的属性是(　　)。
  A. "默认值"属性   B. "标题"属性
  C. "密码"属性   D. "输入掩码"属性

6. 关于 Access 的叙述中,不正确的是(　　)。
  A. 数据的类型决定了数据的存储和使用方式
  B. 一个表的大小,主要取决于它所拥有的数据记录的多少
  C. 对表操作时,是对字段与记录分别进行操作的
  D. 通常空表是指不包含表结构的数据表

7. 在数据库窗口,选中表后,单击"设计"按钮,可以打开表编辑器对表结构进行修改。下列操作描述中正确的是(　　)。
  A. 选中某字段,使用"插入"菜单中的"行"命令,可以在该字段之后插入一个新字段
  B. 选中某字段,使用"插入"菜单中的"行"命令,可以在该字段之前插入一个新字段
  C. 选中某字段,使用"编辑"菜单中的"行"命令,可以删除该字段
  D. 选中某字段,使用"文件"菜单中的"删除"命令,可以删除该字段

8. 在表设计视图中将"平均分"字段定义为数字类型后,可以在窗口下方的"字段属性"中定义该字段的大小,以下不能实现的定义为(　　)。
  A. 常规数字   B. 整型
  C. 长整型   D. 双精度型

9. 下列关于 Access 字段属性内容的叙述中,错误的是(　　)。
  A. 有效性规则是指正确输入数据的一些文本说明
  B. 有效性规则是指一个表达式,用以规定用户输入的数据必须满足该表达式
  C. 有效性文本的设定内容是当输入值不满足有效性规则时,系统提示的信息
  D. 输入掩码主要用于指导和规范用户输入数据的格式

10. 关于 Access 表中的数据操作,下列叙述中错误的是(　　)。
  A. 一次删除操作可以删除一条或多条记录
  B. 通过"编辑"菜单中的"定位"级联菜单可以将指定记录确定为当前记录
  C. 冻结表中列的操作,可以让某些字段总是显示在表浏览器中
  D. "冻结列"命令位于"工具"菜单的下拉菜单之中

11. Access 中，为了达到"删除主表中的记录时，同时删除子表中与之相关记录"的操作限制，需要定义(　　)。
　　A．输入掩码　　　　　　　　　B．参照完整性
　　C．有效性规则　　　　　　　　D．有效性文本
12. 下列叙述中错误的是(　　)。
　　A．使用数据表设计视图，不仅可以创建表，而且可以修改已有表的结构
　　B．如果在保存表之前未定义主键，则 Access 将询问是否由系统自动添加一个主键
　　C．每张表必须设定主键
　　D．每种类型的字段都有一个特定的属性集
13. 能够使用"输入掩码向导"创建输入掩码的字段类型是(　　)。
　　A．数字和日期/时间　　　　　　B．文本和货币
　　C．文本和日期/时间　　　　　　D．数字和文本
14. 在学生表中，如果要设置"性别"字段的值只能是"男"和"女"，该字段的有效性规则设置应为(　　)。
　　A．"男"Or"女"　　　　　　　　B．"男" And "女"
　　C．="男女"　　　　　　　　　 D．="男" And ="女"
15. Access 表中字段的数据类型不包括(　　)。
　　A．文本　　　　　　　　　　　B．备注
　　C．通用　　　　　　　　　　　D．日期/时间
16. 对表中某一字段建立索引时，若其值有重复，可选择(　　)索引。
　　A．主　　　　　　　　　　　　B．有(无重复)
　　C．无　　　　　　　　　　　　D．有(有重复)
17. 不能进行索引的字段类型是(　　)。
　　A．备注　　　　　　　　　　　B．数值
　　C．字符　　　　　　　　　　　D．日期
18. 在数据表视图中，不可以(　　)。
　　A．修改字段的类型　　　　　　B．修改字段的名称
　　C．删除一个字段　　　　　　　D．删除一条记录
19. 如果在创建表中建立字段"姓名"，其数据类型应当是(　　)。
　　A．文本　　　　　　　　　　　B．数字
　　C．日期　　　　　　　　　　　D．备注
20. 如果在创建表中建立字段"时间"，其数据类型应当是(　　)。
　　A．文本　　　　　　　　　　　B．数字
　　C．日期　　　　　　　　　　　D．备注
21. 在 Access 中，将"名单表"中的"姓名"与"工资标准表"中的"姓名"建立关系，且两个表中的记录都是唯一的，则这两个表之间的关系是(　　)。
　　A．一对一　　　　　　　　　　B．一对多
　　C．多对一　　　　　　　　　　D．多对多

22. 下面对数据表的叙述有错误的是（   ）。
    A．数据表是 Access 数据库中的重要对象之一
    B．表的设计视图的主要工作是设计表的结构
    C．表的数据视图只用于显示数据
    D．可以将其他数据库的表导入到当前数据库中
23. 将表中的字段定义为（   ），其作用是使字段中的每一个记录都必须是唯一的以便于索引。
    A．索引   B．主键
    C．必填字段   D．有效性规则
24. 定义字段的默认值是指（   ）。
    A．不得使字段为空
    B．不允许字段的值超出某个范围
    C．在未输入数值之前，系统自动提供数值
    D．系统自动把小写字母转换为大写字母
25. 下列对主关键字段的叙述，错误的是（   ）。
    A．数据库中的每个表都必须有一个主关键字段
    B．主关键字段是唯一的
    C．主关键字可以是一个字段，也可以是一组字段
    D．主关键字段中不允许有重复值和空值
26. 下列对数据输入无法起到约束作用的是（   ）。
    A．输入掩码   B．有效性规则
    C．字段名称   D．数据类型
27. 下列（   ）不是 Access 2010 数据库的对象类型。
    A．表   B．查询
    C．窗体   D．向导
28. 在 Access 数据库中，关系选项不包括（   ）。
    A．参照完整性   B．提高查询
    C．级联更新   D．级联删除
29. 书写查询准则时，日期型数据应该使用适当的分隔符括起来，正确的分隔符是（   ）。
    A．*   B．%
    C．#   D．&
30. 可以设置"字段大小"属性的数据类型是（   ）。
    A．备注   B．日期/时间
    C．文本   D．上述皆可
31. 关于主键，下列说法错误的是（   ）。
    A．Access 2010 并不要求在每一个表中都必须包含一个主键
    B．在一个表中只能指定一个字段为主键
    C．在输入数据或对数据进行修改时，不能向主键的字段输入相同的值

D．利用主键可以加快数据的查找速度
32．如果一个字段在多数情况下取一个固定的值，可以将这个值设置成字段的（　　）。
　　A．关键字　　　　　　　　　　　　B．默认值
　　C．有效性文本　　　　　　　　　　D．输入掩码
33．在对某字符型字段进行升序排序时，假设该字段存在这样4个值："中国""美国""俄罗斯"和"日本"，则最后排序结果是（　　）。
　　A．"中国""美国""俄罗斯""日本"
　　B．"俄罗斯""日本""美国""中国"
　　C．"中国""日本""俄罗斯""美国"
　　D．"俄罗斯""美国""日本""中国"
34．"TRUE/FALSE"数据属于（　　）。
　　A．文本数据类型　　　　　　　　　B．是/否数据类型
　　C．备注数据类型　　　　　　　　　D．数字数据类型
35．使用（　　）字段类型创建新的字段，可以作用列表框或组合框从另一个表或值列表中选择一个值。
　　A．超级链接　　　　　　　　　　　B．自动编号
　　C．查阅向导　　　　　　　　　　　D．OLE对象
36．如果要将3KB的纯文本块存入一个字段，应选用的字段类型是（　　）。
　　A．文本　　　　　　　　　　　　　B．备注
　　C．OLE对象　　　　　　　　　　　D．附件
37．"成本表"中有字段：装修费、人工费、水电费和总成本。其中，总成本=装修费+人工费+水电费，在建表时应将字段"总成本"的数据类型定义为（　　）。
　　A．数字　　　　　　　　　　　　　B．单精度
　　C．双精度　　　　　　　　　　　　D．计算
38．若"学生基本情况"表中"政治面貌"为以下4种之一：群众、共青团员、党员和其他，为提高数据输入效率，可以设置字段的属性是（　　）。
　　A．显示控件　　　　　　　　　　　B．有效性规则
　　C．有效性文本　　　　　　　　　　D．默认值
39．要求主表中没有相关记录时就不能将记录添加到相关表中，则应该在表关系中设置（　　）。
　　A．参照完整性　　　　　　　　　　B．有效性规则
　　C．输入掩码　　　　　　　　　　　D．级联更新相关字段
40．"座机电话"字段只能输入0~9之间的8位数字字符，输入掩码应设置为（　　）。
　　A．99999999　　　　　　　　　　　B．00000000
　　C．[00000000]　　　　　　　　　　D．99990000

二、填空题
1．_____是为了实现一定的目的按某种规则组织起来的数据的集合。

2．在 Access 2010 中表有两种视图，即_____视图和_____视图。

3．如果字段的取值只有两种可能，字段的数据类型应选用_____类型。

4．_____是数据表中其值能唯一标识一条记录的一个字段或多个字段组成的一个组合。

5．Access 数据库的文件扩展名是_____。

6．对表的修改分为对_____的修改和对_____的修改。

7．在"查找和替换"对话框中，"查找范围"列表框用来确定在哪个字段中查找数据，"匹配"列表框用来确定匹配方式，包括_____、_____和_____3 种方式。

8．设置表的数据视图的列宽时，当拖动字段列右边界的分隔线超过左边界时，将会_____该列。

9．数据检索是组织数据表中数据的操作，它包括_____和_____等。

10．当冻结某个或某些字段后，无论怎么样水平滚动窗口，这些被冻结的字段列总是固定可见的，并且显示在窗口的_____。

11．Access 的数据库对象有_____、_____、_____、_____、_____和_____。

12．记录的排序方式有_____和_____。

13．Access 表中有 3 种索引设置，即_____、_____和_____索引。

14．有两张表都和第 3 张表建立了一对多的联系，并且第 3 张表的主键中包含这两张表的主键，则这两张表通过第 3 张表建立的是_____的关系。

15．Access 提供了两种字段类型用来保存文本或文本与数字组合的数据，这两种数据类型分别是文本型和_____。

16．在操作数据表时，如果要修改表中多处相同的数据，可以使用_____功能，自动将查找到的数据修改为新数据。

三、简答题

1．创建数据库和表的方法有哪些？

2．什么是主键？

3．"有效性规则"的作用是什么？

4．表之间有哪几种关系？

5．Access 数据库字段的类型有哪几种？

6．如何设置表的主键？

2.3 实　　验

实验一　创建数据库

【实验目的】

熟悉 Access 的界面和主要功能；

掌握在 Access 中创建数据库、表的方法。

【实验内容】

分析资产管理系统数据库；

进行概念结构设计，并画出 E-R 图；

进行逻辑结构设计，将 E-R 图转换为关系模型；

设计各关系中的属性。

【实验步骤】

1. 启动 Access

方法一、菜单启动：单击"开始"菜单，在"所有程序"中找到"Microsoft Office"，"Microsoft Access 2010"就在"Microsoft Office"菜单下。

简洁的描述方式：开始→所有程序→Microsoft Office→Microsoft Access 2010，本书为了叙述简洁明了，凡多重菜单，均使用此描述方式。

单击"Microsoft Access 2010"菜单项，即可启动 Access。

方法二、桌面快捷方式启动：在桌面上找到 图标，双击这个图标，即可启动 Access。如果桌面上还没有创建此快捷方式，必须先创建该快捷方式。

Access 启动后如图 2-1 所示。

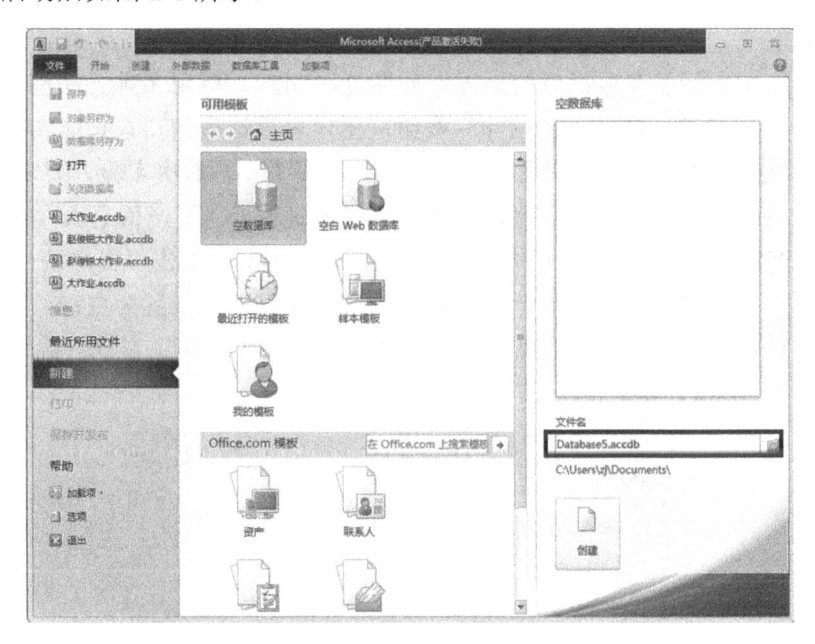

图 2-1 Access 启动后界面

2. 新建空白数据库

菜单方式：文件→新建。

单击"空数据库"，在右下角指定新的空数据库的存储路径和名称，指定数据库名称。默认保存位置是"我的文档"，在文件名地方输入空数据库的名称，如"资产管理系统"，单击"创建"按钮，空白数据库就创建了。

此时自动为创建的"资产管理"数据库创建了一个名为"表 1"的表，并以数据表视图方式打开表。如图 2-2 所示，Access 数据库包括表、查询、窗体、报表、宏等对象，**注意**：这些对象全部保存在数据库文件中，而不是分别保存在不同的文件中。Access 数据库扩展名为 ACCDB。

图 2-2　新建空白数据库界面

3．创建表

表是数据库中实际保存数据库的地方。如图 2-2 所示，可用多种方法创建，通常使用的是"表设计"创建表。单击"表设计"按钮，出现表设计器窗口，按照实验一所设计的各表的字段属性，分别输入字段名称、数据类型、字段大小，本次实验只要求设置这 3 项，说明是对字段的一个注解，是一个可选部分，图 2-3 演示了"资产信息表"的创建。

选择"资产编号"，单击工具栏中的 🔑 按钮，或者用鼠标右击"资产编号"所在的行，在弹出的菜单中单击"主键"菜单，即可将"资产信息"字段设置为主键。

关闭表设计器，系统提示输入表的名称，输入"资产信息表"，单击"确定"按钮，"资产信息表"创建完毕。

图 2-3　"资产信息表"的创建

用同样的方法,再将实验一所设计的其他表在 Access 中创建。创建完后如图 2-4 所示。

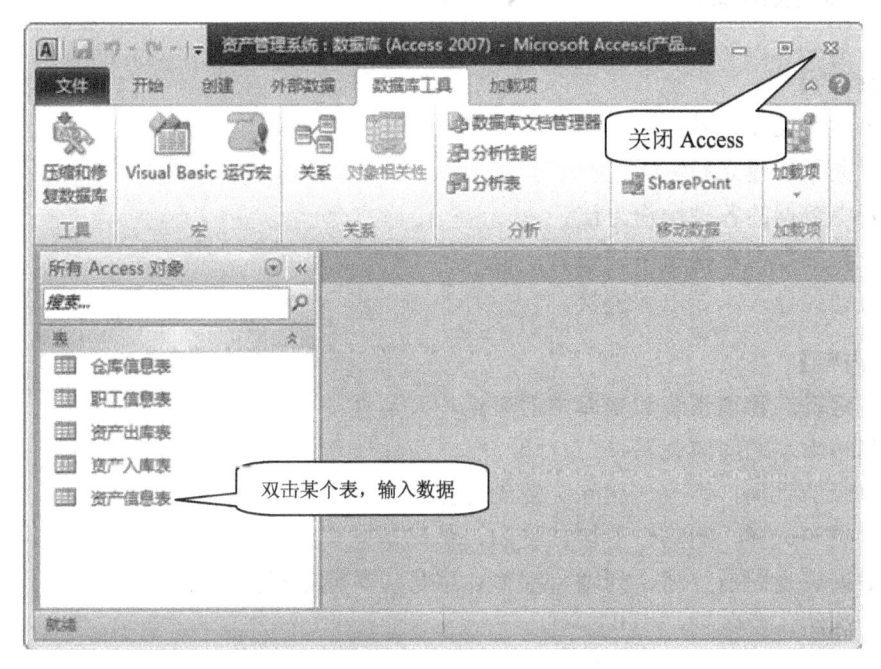

图 2-4 实验一中表创建完毕后界面

现在,双击某个表,进入"数据表视图",就可以给表输入一些数据。

4. 表的其他创建方法

在"表"对象中,还可以通过"数据表视图"创建表。

通过"数据表视图"创建表是通过向数据表视图中输入一些数据(一条一条的记录),并修改每个字段中的数据类型、大小以确定表的结构。

这种方法非常简单,也可减少一些工作量,但表的字段属性往往不能完全符合我们的需求,还需要结合表设计器进行修改完善。

5. 数据库及 Access 的关闭

如图 2-4 所示,选择"文件"→"关闭数据库",就可以关闭当前数据库,可再打开或者创建其他数据库。如果不再使用 Access,可以关闭 Access 窗口,同时也就关闭了当前数据库。

【实验任务】

将实验一设计的所有表在 Access 中创建。

【实验报告】

总结设计一个数据库的具体步骤。

依照实验一中的内容,自己设计一个学生选课管理系统,先进行相应的需求分析,画出对应的 E-R 图,并将给出的 E-R 图转换为关系模型,给出详细的表结构(包括表及每个表中需要的字段的详细信息)。

写出实验过程中遇到的问题及心得体会。

实验二　表及数据操作

【实验目的】
进一步学习表设计器；
掌握表关系的建立和编辑；
掌握表中数据的各种操作方法；
了解数据及数据表视图格式设置；
掌握数据的导入、导出和链接。

【实验内容】
修改完善资产管理系统数据库中的表结构及属性；
建立和编辑表之间的关系；
进行记录的添加、修改、删除、复制等操作；
进行数据的选择、删除、剪切、复制、粘贴等操作；
设置数据表视图的行高、列宽、字体、字号、单元格效果等格式；
删除、冻结、隐藏列；
数据的查找、替换、排序；
练习数据的导入、导出和链接。

【实验步骤】

1. 表字段属性的修改

在实验一中创建表时，我们只简单设计了字段的名称、数据类型和字段大小 3 个主要部分。但在字段属性中，还有很多内容。对于不同的数据类型，"常规"标签里会显示不同的属性，常用的有格式、输入掩码、标题、默认值、有效性规则、有效性文本、必填字段、索引、输入法模式等。各属性的功能和意义如下。

格式：数据显示格式，比如，时间类型的字段，显示为长时间还是短时间，是中国习惯的"年-月-日"，还是英美国家习惯的"月日年"等；

输入掩码：限制数据输入的模式；

标题：在窗体中显示的名称，如果为空，则显示字段名，通常用于给用户友好的界面显示；

默认值：在添加新记录时，系统自动赋的值；

有效性规则：用于限制输入的逻辑表达式，返回值为真才接受；

有效性文本：当违反有效性规则时系统提示给用户的信息；

必填字段：如果该值为真，该字段必填，不能为空；

索引：用于加快查找的速度和性能；

输入法模式：当输入该字段时是否需要输入法以及何种输入法；

举例，职工信息表中出生日期的属性如图 2-5 所示。

第 2 章 Access 数据库与表 21

```
格式          yyyy-mm-dd
输入掩码
标题          出生日期
默认值
有效性规则     <Date()
有效性文本     出生日期不能是将来。
```

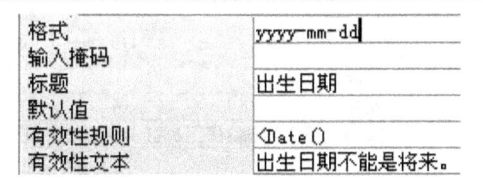

图 2-5 出生日期属性设置

从图 2-5 中可以看出，职工的"出生日期"字段输入格式按中国人熟悉的"年-月-日"格式，职工的出生日期不能晚于当前日期(当天的日期)，如果输入的日期比当前日期还晚，则不能输入，系统显示提示信息："出生日期不能是将来"。

在表设计器的字段属性中，"查阅"功能也特别有用。比如，资产入库表中的"经手人编号"和职工信息表中的"职工编号"相同，在原始的输入方式中，在输入"经手人编号"时，输入的是一个个数字，很容易出错，实际上我们是要确定该资产是哪个职工经手的，而资产入库表中"经手人编号"的值只能输入职工信息表中已经存在的"职工编号"；如果在输入"经手人编号"时能根据职工姓名确定就好了，直接单击输入框右边的下拉箭头，选择"姓名"，虽然看似选择的是职工姓名，但实际输入的是"职工编号"，如图 2-6 所示。这就是"查阅"的功能，即"参照完整性"。

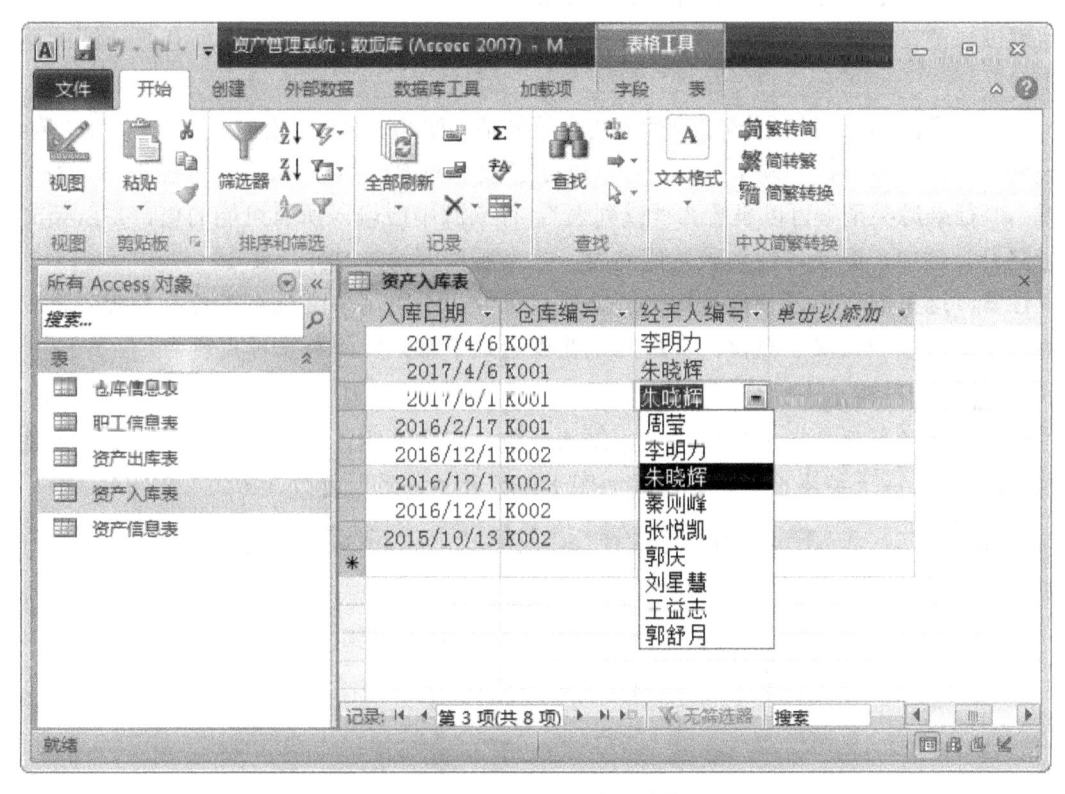

图 2-6 "查阅"功能示意图

方法一、"经手人编号"的查阅属性如图 2-7 设置即可。
方法二、在数据类型的下拉列表中选择"查阅向导"，让向导自动完成对查阅属性的设置(这种方式必须在两表之间未建立关系之前做，建立关系后不能用此种方法)。

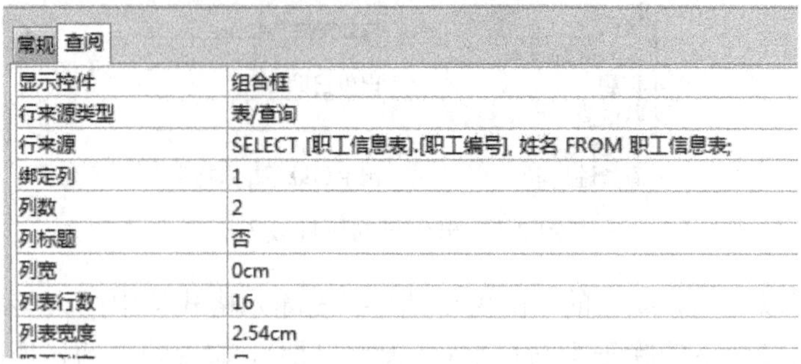

显示控件	组合框
行来源类型	表/查询
行来源	SELECT [职工信息表].[职工编号], 姓名 FROM 职工信息表;
绑定列	1
列数	2
列标题	否
列宽	0cm
列表行数	16
列表宽度	2.54cm

图 2-7 "经手人编号"的查阅属性设置

绑定列：表示以查询结果的第几列作为返回给组合框的值，用来为本字段输入内容。例如，值为 1 表示将查询结果的第 1 列（即"职工编号"）的值返回，作为本字段的输入内容。

列数：表示在组合框中待显示的列数，即显示查询结果的列数。例如，值为 2 表示在组合框中显示查询结果的前两列。

列宽：用于设置每列的显示宽度，每列之间以分号分隔。例如，0cm;2cm 分别表示第 1 列和第 2 列在组合框中的显示宽度，第 1 列显示宽度为 0cm，表示在组合框中不显示第 1 列的内容，也就是图 2-7 中改进后的输入效果。

可以自己修改该项设置，分别设置列宽为 0 及 1，比较两种情况下展开组合框的显示区别。

如果某字段的取值只是固定的有限几个不同值，如"性别"字段的"男""女"，"学历"字段的"专科""本科""硕士"等；可以进行字段查阅属性的设置，"显示控件"设为"列表框"，"行来源类型"可以设置为"值列表"，行来源中应输入所有可能的值，并以英文的分号隔开。例如，职工的性别采用值列表，行来源里应输入"男";"女"。

注意：这里的双引号和分号均为英文标点符号，不能用中文标点符号，系统会将中文标点符号等同于中文汉字对待，今后凡是在表达式中都只能用英文标点符号。

2. 建立和编辑表之间的关系

表之间的关系就是表的外键与其他表的主键之间的关系，建立关系的方法如下：选择"数据库工具"→"关系"按钮，出现如图 2-8 所示"关系"窗口。

图 2-8 "关系"窗口

然后，选择"关系"→"显示表"，或在"关系"窗口中单击鼠标右键，在弹出菜单中选择"显示表"，如图 2-9 所示。

图 2-9 "显示表"对话框

将需要建立关系的表添加进去，如"仓库信息表"和"资产入库表"，然后用鼠标拖动联系两个表的字段中的主键字段。例如，拖动"仓库信息表"中的"仓库编号"字段到对应的外键字段——"资产入库表"中的"仓库编号"字段上，当光标变成一个长方条时，松开鼠标，这时出现如图 2-10 所示"编辑关系"对话框。

图 2-10 "编辑关系"对话框

如果要使有关系的表之间数据统一，应该设置"实施参照完整性"（例如，若未实施参照完整性，当在输入入库信息时，如果输入的仓库编号是一个在仓库信息表中不存在的值，系统不会提出反对意见，会允许输入；但若实施了参照完整性，遇到这种仓库信息不存在的情况，系统会给出相关提示信息，并且不允许输入）。

级联更新相关字段 当主表的主键值更改时，自动更新相关表中的对应数值。

级联删除相关字段 当删除主表中的记录时，自动删除相关表中的有关记录（例如，当删除仓库信息表中某一仓库信息时，会自动同时删除资产入库表中放入该仓库的所有资产）。

设置完后，单击"创建"按钮，完成关系的创建。按照同样的方法，我们可以依次建立其他几个关系。图 2-11 所示为"资产管理系统"中的所有关系，建立了关系的表之间由一条连线连接起来，并指向相应字段。

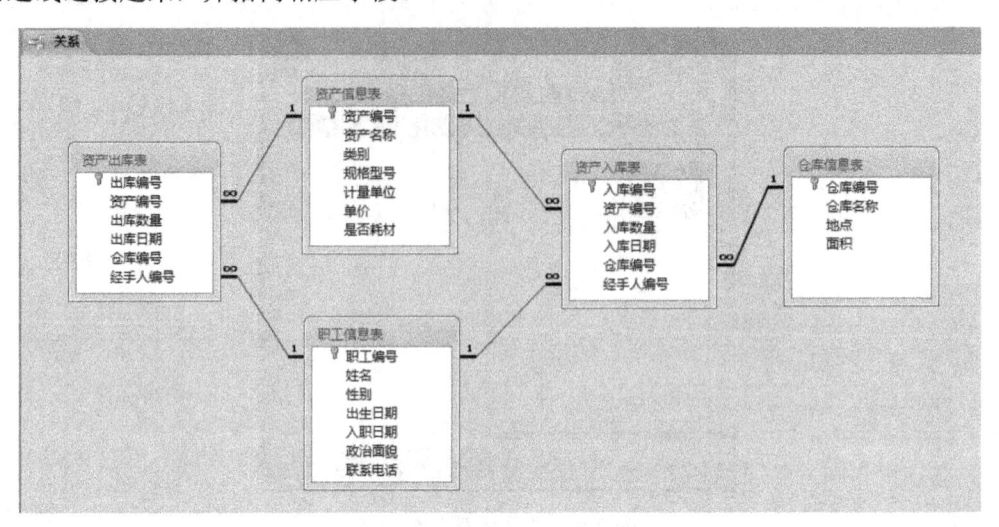

图 2-11 "资产管理系统"中的所有关系

关闭"关系"窗口，保存关系布局。

当需要修改关系时，可重新打开"关系"窗口，双击或用鼠标右击需要修改关系的连线进行修改或删除(在表设计过程中，如果进行了"字段查阅"属性的设置，则会自动建立对应的表的关系，可以修改此关系，设置其"实施参照完整性")。

3．记录的操作

添加新记录　打开表，将光标置于最后一行有"*"的记录内，输入一条记录即可，也可以直接在任一条记录前单击鼠标右键，在弹出菜单中选择"新记录"，光标就自动移到输入新记录的位置。

修改记录　先定位于要删除的记录，直接移到要修改的字段进行修改即可。

删除记录　先定位于要删除的记录，在上面所述的弹出菜单中选择删除记录即可，也可以单击"编辑"→"删除记录"。在删除记录时会有对话框提示，以防误操作。

复制记录　和上面的操作类似，需要说明的是，可以在表内、表间以及向 Word、Excel 等复制，在表内复制要注意记录的唯一性，在表间复制要注意表的字段顺序、类型，大小要一致，至少要兼容。

4．数据的选择、删除、剪切、复制、粘贴等操作

这些操作和 Word、记事本等文字操作一样，不再赘述。

5．数据的导入、导出

导入是一种将数据从其他 Access 文件复制到 Microsoft Access 中或将数据从不同格式转换并复制到 Microsoft Access 中的方法。该方法可以利用已有的数据，减少数据录入工作量。菜单"外部数据"中可以选择要导入的数据类型，并选择待导入的数据文件。

导出是一种将数据和数据库对象输出到其他数据库、电子表格或文件格式中，以便其他数据库、应用程序或程序可以使用该数据或数据库对象的方法。例如，导出到 Word、

Excel 并对数据进一步处理。菜单"外部数据"中可以选择要导出的数据类型,并设置保存路径和文件名。

6. 设置数据表视图的行高、列宽、字体、字号、单元格效果等格式,删除、冻结、隐藏列

这些设置可以在"格式"菜单中找到,也可以在"数据表视图"的标题栏或相应列上的弹出菜单中找到。非精确的行高、列宽可直接通过鼠标拖动行列之间的缝隙调整。删除列就删除相应的字段。

冻结列用于当表字段太多,在一个显示屏显示不完,需要拖动滚动条显示时,容易记录错位,通过将关键的一列固定,来解决记录错位问题。

在某些列暂时不使用并影响记录定位等情况下,使用隐藏列将这些列隐藏起来。

相对应有"取消隐藏列""取消冻结列"。

7. 数据的查找、替换、排序、筛选

当表中有成千上万条记录时,查找某条记录或将某些内容替换修改,就要使用"查找和替换"工具。可以在"开始"菜单中找到 按钮。单击"查找"后出现如图 2-12 所示对话框,可以在指定的字段内,也可在整个表中进行查找和替换。替换时,还须在替换框中输入替换的内容。

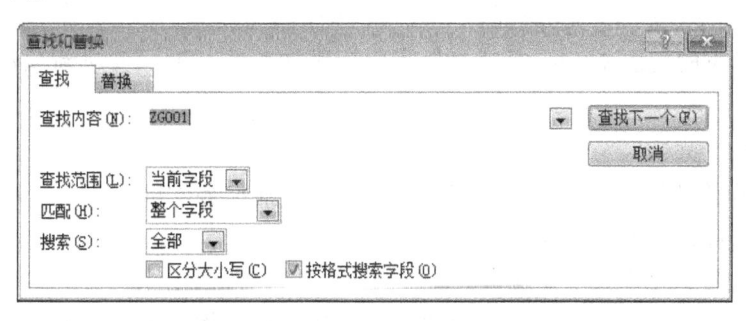

图 2-12 "查找和替换"对话框

排序是将表中的记录按选定的列以升序或降序排列,先选定排序的列,可以直接单击开始菜单里的升序、降序按钮来排序。

筛选是按给定的条件从记录中筛选出符合条件的记录,可以直接单击开始菜单里的筛选器按钮来筛选。如图 2-13 所示。

图 2-13 筛选器按钮

【实验任务】(1~5 题必做)

1. 使用实验一所建的资产管理数据库,根据字段含义,修改完善各字段的属性。

将资产入库表中的"入库日期"字段默认值设为"当前系统日期"。

职工的入职日期不能晚于当前日期，违反时给出相应提示"入职日期晚于当前日期"。

2．输入"职工性别"字段时，直接选择男和女(值列表)。

设置职工的"姓名"字段及资产信息表的"资产名称"字段不允许为空。

为资产入库表中的"经手人编号"字段、资产出库表中的"经手人编号"字段设置查阅功能，使其在显示记录时，虽然各字段实际存放的是其编号，但却能显示其对应的名称(如职工姓名)。

3．建立各表之间的关系，并且在各关系间实施参照完整性。

4．练习导入、导出功能。

自己建立 Excel 文件"仓库信息.xls"，将其中的数据导入到"资产管理系统.accdb"的对应表中。

新建"职工管理.accdb"数据库，将"资产管理系统.accdb"中的职工信息表导入该库。

将"资产管理系统.accdb"中的资产信息表导出到一个 Excel 文件中，导出时表名称不变。

5．在各表中进行数据操作：为各数据表输入相应的记录(在下载的数据库基础上，往系统中增加以自己名字命名的职工信息，并为该职工信息添加 2~3 条资产入库记录和资产出库记录)。

6．添加、删除、冻结、隐藏列。

在职工信息表的视图中，在"姓名"字段后添加新的一列，并将新添加的列的列名重新命名为"特长"；

将新添加的"特长"字段删除；

将职工信息表中的"姓名"字段冻结，比较冻结前后显示的不同。

7．*练习查找、替换、排序功能。

对职工信息表中的记录按姓名排序；

将职工信息表中"政治面貌"字段中的"中共党员"替换为"党员"；

查找出资产信息表中资产名称为"***"的商品记录(自己确定具体资产名称)。

8．*对表中记录进行选择、剪切、复制、粘贴操作。

分别选择系统中各原始表中的记录，将其复制并粘贴到任务 4 中导入的对应空备份数据表中。

9．*设置数据表视图的格式。

将数据表视图的所有行高设为 18；仓库信息表中的"地点"字段列宽设为 25；所有表视图中的字体设为"华文仿宋"，字号设为"小四"。

【实验报告】

写出实验过程 1~5 题的具体操作步骤。

写清楚系统中各表之间的关系，以及关系所代表的具体含义，以配对的形式写出关系中主键及外键所在的表及字段名称。

写出实验过程中遇到的问题及心得体会。

第3章 查　　询

3.1 学　习　指　南

【学习要点】

1．查询分类

(1)选择查询。

(2)参数查询。

(3)交叉表查询。

(4)操作查询。

(5)SQL 查询。

2．查询准则

(1)运算符。

(2)函数。

(3)表达式。

3．创建查询

(1)操作已创建的查询。

(2)编辑查询中的字段。

(3)编辑查询中的数据源。

(4)排序查询的结果。

【知识点概要】

1．查询的作用和特点。

2．查询的数据来源。

3．查询的分类及每种查询的作用。

4．查询的视图及每个视图能够进行的操作。

设计视图下每行的作用。准则中，同一行各个准则之间的关系，行与行之间准则之间的关系。

5．查询中的函数、运算符及表达式。

关系运算符：>，<，<=，>=，<> (注意，使用时必须在英文半角状态下输入)。

逻辑运算符：not，and，or。

其他运算符：in，like，between and，is null，is not null。

函数：abs，int，sqr，space，string，len，ltrim，rtrim，trim，mid，left，right，instr；
　　　Date( )，time( )，now( )，day(日期时间表达式)，year(日期时间表达式)，month(日期时间表达式)；

Count（　　），sum（　　），avg（　　），max（　　），min（　　）。

6．添加计算字段（在查询完成统计计算）：添加计算字段的方式。

在写表达式的时候，如果表达式中存在字段名，需要把字段名用[ ]括起来。如果该字段在所添加的多个表中都存在，那么需要指明该字段是取自哪个表。指定的方式：[表名]![字段名]。

7．参数查询。

参数查询就是查询中的某一个值是没有确定的一种查询。通常该查询会出现提示框，让用户输入数据，为没有确定的部分赋值，完成操作。参数查询没有确定的部分用[ ]括起来，[ ]里面的部分是想要的提示信息。

8．交叉表查询。

该查询需要指定一个或多个行标题、一个列标题和一个值。

列标题必须为 group by，行标题中必须有一个是 group by。

9．操作查询。

当我们想要对查到的数据进行批量编辑的时候，就可以考虑操作查询。

注意操作查询的分类以及每个查询的特点。

10．SQL 查询。

SQL 的含义及包含的功能：

select 字段列表，from 表名，where 条件，order by 排序依据，asc/desc，group by 分组依据，select 性别，avg(年龄)，as 平均年龄，from 学生，group by 性别

SQL 查询的分类：

定义查询——完成建立表，修改表结构。

联合查询——把从多个表中查到的记录进行并运算。

传递查询——把命令传给另外一个数据库，然后接受结果。

数据更新查询——插入、修改、删除数据。

数据定义查询：创建数据表、修改表结构。

SQL 语句：

select * from stud

select * from stud where 性别="男"　order by 学生编号　asc

select count(姓名)　as 人数 from stud

select max(年龄)-min(年龄) as 最大最小年龄之差，性别　from stud group by 性别

11．编辑查询。

添加显示字段，删除显示字段，移动字段显示次序，对查询的结果进行排序，控制某个字段的显示格式。

12．查询的视图：每个视图的特点。

3.2　习　　题

一、单项选择题

1．Access 支持的查询类型有（　　）。

A．选择查询，交叉表查询，参数查询，SQL 查询和操作查询
B．基本查询，选择查询，参数查询，SQL 查询和操作查询
C．多表查询，单表查询，交叉表查询，参数查询和操作查询
D．选择查询，统计查询，参数查询，SQL 查询和操作查询

2. 下面关于查询的说法中，错误的是（　　）。
   A．根据查询准则，从一个或多个表中获取数据并显示结果
   B．可以对记录进行分组
   C．可以对查询记录进行总计、计数和平均等计算
   D．查询的结果是一组数据的"静态集"

3. 使用向导创建交叉表查询的数据源是（　　）。
   A．数据库文件   B．表
   C．查询   D．表或查询

4. 在 Access 中，从表中访问数据的速度与从查询中访问数据的速度相比（　　）。
   A．要快   B．相等
   C．要慢   D．无法比较

5. 每个查询都有 3 种视图，其中用来显示查询结果的视图是（　　）。
   A．设计视图   B．数据表视图
   C．SQL 视图   D．窗体视图

6. 要对一个或多个表中的一组记录进行全局性的更改，可以使用（　　）。
   A．更新查询   B．删除查询
   C．追加查询   D．生成表查询

7. 关于查询的设计视图，下面说法中不正确的是（　　）。
   A．可以进行数据记录的添加
   B．可以进行查询字段是否显示的设定
   C．可以进行查询条件的设定
   D．可以进行查询表的设定

8. 关于查询和表之间的关系，下面说法中正确的是（　　）。
   A．查询的结果是建立了一个新表
   B．查询的记录集存在用户保存的地方
   C．查询中所存储的只是在数据库中筛选数据的准则
   D．每次运行查询时，Access 便从相关的地方调出查询形成的记录集，这是物理上就已经存在的

9. 如果想显示"姓名"字段中包含"李"字的所有记录，在条件行输入（　　）。
   A．李   B．Like 李
   C．Like "李*"   D．Like "*李*"

10. 如果想显示"电话号码"字段中 8 打头的所有记录，在条件行输入（　　）。
    A．Like "8*"   B．Like "8? "
    C．Like 6#   D．Like 6*

11．SELECT 命令中用于排序的关键词是（　　）。
　　A．GROUP BY　　　　　　　　B．ORDER BY
　　C．HAVING　　　　　　　　　D．SELECT
12．SELECT 命令中条件短语的关键词是（　　）。
　　A．WHILE　　　　　　　　　　B．FOR
　　C．WHERE　　　　　　　　　 D．CONDITION
13．在以下查询中除了从表中选择数据外，还对表中数据进行修改的是（　　）。
　　A．选择查询　　　　　　　　　B．交叉表查询
　　C．操作查询　　　　　　　　　D．参数查询
14．哪个查询表在执行时弹出对话框，提示用户输入必要的信息，再按照这些信息进行查询？（　　）
　　A．选择查询　　　　　　　　　B．参数查询
　　C．交叉表查询　　　　　　　　D．操作查询
15．在学生成绩表中，若要查询姓"张"的女同学的信息，正确的条件设置为（　　）。
　　A．在"条件"单元格输入：姓名="张" AND 性别="女"
　　B．在"性别"对应的"条件"单元格中输入："女"
　　C．在"性别"的条件行输入"女"，在"姓名"的条件行输入：LIKE "张*"
　　D．在"条件"单元格输入：性别="女"AND 姓名="张*"
16．假设"公司"表中有编号、名称、法人等字段，查找公司名称中有"网络"二字的公司信息，正确的命令是（　　）。
　　A．SELECT * FROM 公司 FOR 名称 = " *网络* "
　　B．SELECT * FROM 公司 FOR 名称 LIKE "*网络*"
　　C．SELECT * FROM 公司 WHERE 名称="*网络*"
　　D．SELECT * FROM 公司 WHERE 名称 LIKE"*网络*"
17．已知"借阅"表中有"借阅编号""学号"和"借阅图书编号"等字段，每个学生每借阅一本书生成一条记录，要求按学生学号统计出每个学生的借阅次数，下列 SQL 语句中，正确的是（　　）。
　　A．Select 学号, count(学号) from 借阅
　　B．Select 学号, count(学号) from 借阅 group by 学号
　　C．Select 学号, sum(学号) from 借阅
　　D．Select 学号, sum(学号) from 借阅 order by 学号
18．下列关于空值的叙述中，正确的是（　　）。
　　A．空值是双引号中间没有空格的值
　　B．空值是等于 0 的数值
　　C．空值是使用 Null 来表示字段的值
　　D．空值是用空格表示的值
19．要从数据库中删除一个表，应该使用的 SQL 语句是（　　）。
　　A．ALTER TABLE　　　　　　　B．KILL TABLE

C. DELETE TABLE   D. DROP TABLE

20. 用于获得字符串 S 最左边 4 个字符的函数是(　　)。
    A. Left(S, 4)   B. Left(S, 1, 4)
    C. Leftstr(S, 4)   D. Leftstr(S, 1, 4)

21. 下列关于 Access 查询条件的叙述中，错误的是(　　)。
    A. 同行之间为逻辑"与"关系，不同行之间为逻辑"或"关系
    B. 日期/时间类型数据在两端加上#
    C. 数字类型数据须在两端加上双引号
    D. 文本类型数据须在两端加上双引号

22. 在 Access 中，与 like 一起使用时，代表任一数字的是(　　)。
    A. *   B. ?
    C. #   D. $

23. 条件"not 工资额>2000"的含义是(　　)。
    A. 工资额等于 2000   B. 工资额大于 2000
    C. 工资额小于等于 2000 D. 工资额小于 2000

24. 条件"性别="女" Or 工资额>2000"的含义是(　　)。
    A. 性别为"女"并且工资额大于 2000 的记录
    B. 性别为"女"或者工资额大于 2000 的记录
    C. 性别为"女"并非工资额大于 2000 的记录
    D. 性别为"女"或工资额大于 2000 且二者择一的记录

25. Access 中，可与 Like 一起使用，代表 0 个或者多个字符的通配符是(　　)。
    A. *   B. ?
    C. #   D. $

26. 在学生成绩表中，查询成绩在 70～80 分之间(不包括 80)的学生信息。正确的条件设置是(　　)。
    A. >69 Or <80   B. Between 70 And 80
    C. >=70 And <80   D. In(70, 79)

27. 有关系模型 Students(学号，姓名，性别，出生年月)，要统计学生的人数和平均年龄，应使用的语句是(　　)。
    A. SELECT COUNT()　As 人数，AVG(YEAR(出生年月))　AS 平均年龄 FROM Students；
    B. SELECT COUNT(}　As 人数，AVG(YEAR(出生年月))　AS 平均年龄 FROM Students；
    C. SELECT COUNT(*)　As 人数，AVG(YEAR(DATE())-YEAR(出生年月)) AS 平均年龄 FROM Students；
    D. SELECT COUNT()　AS 人数，AVG(YEAR(DATE())-YEAR(出生年月)) AS 平均年龄 FROM Students；

28. 下列关于准则的说法，正确的是(　　)。

A． 日期/时间类型数据须在两端加 "[ ]"

B． 同行之间为逻辑 "与" 关系，不同行之间为逻辑 "或" 关系

C． NULL 表示数字 0 或者空字符串

D． 数字类型的条件须加上双引号（""）

29．在 Access 数据库中，带条件的查询需要通过准则来实现。下面（　　）选项不是准则中的元素。

A． 字段名　　　　　　　　　　B． 函数

C． 常量　　　　　　　　　　　D． SQL 语句

30．已知一个学生数据库，其中含有 "班级" "性别" 等字段，若要统计每个班男、女学生的人数，则应使用（　　）查询。

A． 交叉表查询　　　　　　　　B． 选择查询

C． 参数查询　　　　　　　　　D． 操作查询

31．建立一个基于学生表的查询，要查找出生日期（数据类型为日期/时间型）在 2008-01-01 和 2008-12-31 之间的学生，在出生日期对应列的 "准则" 行中应输入的表达式是（　　）。

A． Between 2008-01-01 And 2008-12-31

B． Between #2008-01-01# And #2008-12-31#

C． Between 2008-01-0l Or 2008-12-31

D． Between #2008-01-01# Or #2008-12-31#

32．如果想在已建立的 "tSalary" 表的数据表视图中直接显示出姓 "李" 的记录，应使用 Access 提供的（　　）。

A． 筛选功能　　　　　　　　　B． 排序功能

C． 查询功能　　　　　　　　　D． 报表功能

33．SQL 的含义是（　　）。

A． 结构化查询语言　　　　　　B． 数据定义语言

C． 数据库查询语言　　　　　　D． 数据库操纵与控制语言

34．在 Access 中已经建立了 "工资" 表，表中包括 "职工号" "所在单位" "基本工资" 和 "应发工资" 等字段，如果要按单位统计应发工资总数，那么在查询设计视图的 "所在单位" 的 "总计" 行和 "应发工资" 的 "总计" 行中分别选择的是（　　）。

A． Sum，GroupBy　　　　　　　B． Count，GroupBy

C． GroupBy，Sum　　　　　　　D． GroupBy，Count

35．创建交叉表查询时，最多只能选择 3 个行标题字段，列标题字段最多选择的个数是（　　）。

A． 1 个　　　　　　　　　　　 B． 2 个

C． 3 个　　　　　　　　　　　 D． 4 个

36．若要查询学生信息表中 "简历" 字段为空的记录，在 "简历" 字段对应的 "条件" 栏中应输入（　　）。

A． Is not null　　　　　　　　B． Is null

C. 0　　　　　　　　　　　　　D. -1

37. 在 Access "学生" 表中有 "学号" "姓名" "性别" "入学成绩" "身高" 字段。
SQL 语句：Select 性别，AVG(入学成绩) FROM 学生　group　by 性别
其功能是(　　)。

　　A．计算并显示 "学生" 表中所有学生入学成绩的平均分
　　B．对 "学生" 表中记录按性别分组显示所有学生的性别和入学平均分
　　C．计算并显示 "学生" 表中所有学生的性别和入学成绩的平均值
　　D．对 "学生" 表中的记录按性别分组显示性别及对应的入学成绩的平均分

38. 在 Access "学生" 表中有 "学号" "姓名" "性别" "入学成绩" "身高" 字段。
现需查询女生中身高最高的前 3 个学生的记录信息，正确的 SQL 语句是(　　)。

　　A．select　*　from 学生　　Where　性别="女"　Group　by 身高
　　B．select　*　from 学生　　Where　性别="女"　order　by 身高
　　C．sclect TOP 3 *　from 学生　　Where　性别="女"　Group　by 身高
　　D．select TOP 3 *　from 学生　　Where　性别="女"　order　by 身高

39. 在 Access "学生" 表中有 "学号" "姓名" "性别" "入学成绩" "身高" 字段。现需查询姓名中含有 "娟" 和 "丽" 字的学生信息，正确的 SQL 语句是(　　)。

　　A．select * from 学生 Where 姓名= "娟" or 姓名="丽"
　　B．select * from 学生 Where 姓名= "*娟*" or 姓名="*丽*"
　　C．select * from 学生 Where 姓名 LIKE "*娟*" or 姓名 LIKE "*丽*"
　　D．select * from 学生 Where 姓名 LIKE "娟" AND 姓名="丽"

40．使用查询向导，不可以创建(　　)。

　　A．单表查询　　　　　　　　　　B．多表查询
　　C．带条件查询　　　　　　　　　D．不带条件查询

41．查询设计好以后，可进入 "数据表" 视图观察结果，不能实现的方法是(　　)。

　　A．保存并关闭该查询后，双击该查询
　　B．直接单击工具栏的 "运行" 按钮
　　C．选定 "表" 对象，双击 "使用数据表视图创建" 快捷方式
　　D．单击工具栏最左端的 "视图" 按钮，切换到 "数据表" 视图

42．根据数据表 Students(ID,学号,课程,成绩)，查找所有课程成绩在 70 分以上学生的学号(　　)。

　　A．SELECT 学号 FROM Students GROUP BY 学号 HAVING Min(成绩)>70
　　B．SELECT 学号 FROM Students GROUP BY 学号 HAVING 成绩>70
　　C．SELECT 学号 FROM Students HAVING Min(成绩)>70
　　D．SELECT 学号 FROM Students HAVING 成绩>70

43．SQL 中的哪个关键字不会对表进行写操作(　　)。

　　A．SELECT　　　　　　　　　　B．DELETE
　　C．UPDATE　　　　　　　　　　D．INSERT

44. 将表 A 的记录添加到表 B 中，要求保持表 B 中原有的记录，可以使用的查询是（　　）。
　　A．选择查询　　　　　　　　　B．生成表查询
　　C．追加查询　　　　　　　　　D．更新查询

45. 如果在数据库中已有同名的表，要通过查询覆盖原来的表，应该使用的查询类型是（　　）。
　　A．删除　　　　　　　　　　　B．追加
　　C．生成表　　　　　　　　　　D．更新

二、填空题

1. 创建分组统计查询时，"总计"项应选择_____。
2. 操作查询可以分为删除查询、更新查询、_____和_____。
3. 使用_____函数可以得到今天的日期，使用函数_____可以得到当前的日期及时间。
4. 参数查询是一种利用_____来提示用户输入条件的查询。
5. 用文本值作为查询准则时，文本值要用半角的_____或_____括起来。
6. 交叉表查询是利用了表中的_____来统计和计算的。
7. 要查询的条件之间具有多个字段的"与"和"或"关系，则在输入准则时，各条件间"与"的关系要输入在_____，而各条件间"或"的关系要输入在_____。
8. 查询的结果总是与数据源中的数据保持_____。
9. 在 Access 2010 中，_____查询的运行一定会导致数据表中数据发生变化。
10. 在"成绩"表中，查找成绩在 75～85 分之间的记录时，条件为_____。
11. 如果要在某数据表中查找某文本型字段的内容以"S"开头的所有记录，则应该使用的查询条件是_____。
12. 将 1990 年以前参加工作的教师的职称全部改为"副教授"，则适合使用查询_____。
13. 利用对话框提示用户输入参数的查询过程称为_____。
14. 在学生借书数据库中，已有"学生"表和"借阅"表，其中"学生"表含有"学号""姓名"等信息，"借阅"表含有"借阅编号""学号"等信息。若要找出没有借过书的学生记录，并显示其"学号"和"姓名"，则正确的 SQL 命令是_____。
15. 函数 Mid("学生信息管理系统"，3，2)的结果是_____。
16. 用 SQL 语句实现查询"图书表"中的所有图书类型，要求同一类型只显示一次，应该使用的 SELECT 语句是：Select_____ from 图书表。
17. 查询城市为北京或上海的记录，在查询设计视图中"城市"字段条件行中输入_____。
18. 要查询"出生日期"在1980年以前的职工，在查询设计视图中"出生日期"字段条件行中输入_____。

三、写 SQL 命令

1. 用 SQL 语句建立如下数据表，并输入数据，建立正确的表间关系。

学生表

学号	姓名	性别
0701001	王玲	女
0702013	李力	男
0703003	马里	男
0704054	华夫	男
0703012	刘江	男

成绩表

学号	英语	数学	计算机	物理	四级通过	平均分	总分
0701001	90.5	88.5	87.0	82.0	yes		
0702013	80.5	88.5	78.0	76.0	yes		
0703003	69.0	87.0	80.0	75.0	no		
0704054	88.0	78.5	80.0	87.0	yes		
0703012	90.0	89.0	82.0	70.0	yes		

2．对第1题建立的数据表用SQL语句实现下列功能：

(1)用UPDATE命令给成绩表的"平均分"和"总分"字段赋值。
(2)查询英语"四级通过"的同学的姓名和学号。
(3)按"性别"分组查询男、女同学的数学平均分。
(4)按平均分的降序对全体同学排名次。
(5)查询总分最高的同学的学号和姓名。
(6)查询"英语"成绩在85分以上同学的学号和姓名。
(7)查询"计算机"成绩在70～85分之间同学的学号和姓名。
(8)查询男同学"物理"的平均成绩、最高分和最低分。
(9)查询物理成绩高于平均分的学生的学号和姓名。
(10)在学生表中插入一条记录(0703014，张丹，女)。
(11)在学生表中删除姓名是张丹的学生记录。
(12)在学生表中增加一个名为"出生日期"的字段，字段类型是文本型。
(13)在学生表中将"出生日期"字段的类型修改成日期型。
(14)删除学生表中的"出生日期"字段。

3.3 实　　验

实验一　查询设计

【实验目的】
掌握用向导设计查询；
掌握用设计视图设计查询。

【实验内容】

用向导设计查询；

用设计视图设计简单查询、带条件的查询、对结果排序的查询；

设计操作查询。

【实验步骤】

1. 使用向导设计查询

在"创建"菜单中选择"查询向导"，出现如图3-1所示向导窗口。选择待创建的查询类型，按照向导的一步一步提示即可完成查询的创建。

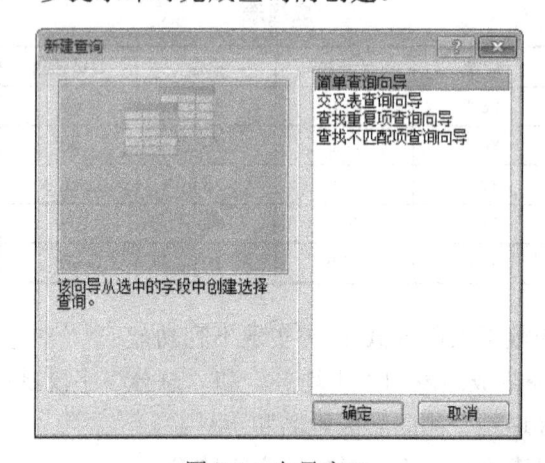

图 3-1　向导窗口

2. 使用设计视图创建查询

在"创建"菜单中选择"查询设计"，出现如图3-2和图3-3所示显示表和设计视图两个窗口。

图 3-2　显示表窗口　　　　　　　　　　图 3-3　设计视图窗口

选择查询所涉及的表或查询，例如"职工信息"表，单击"添加"按钮添加到查询设计视图中，关闭"显示表"对话框。设计视图中上部显示表和字段列表，下部为设计网格，用于设置查询字段及选项等。在"设计视图"字段列表中双击"*"，则在设计网格的字段中出现"职工信息表.*",表示选择了表中所有字段,如果只需要其中的部分字段,则在相应字段名上双击,或用鼠标将字段名拖到下面的字段中即可。图 3-4 演示了查询"职工信息"表中所有职工的姓名。

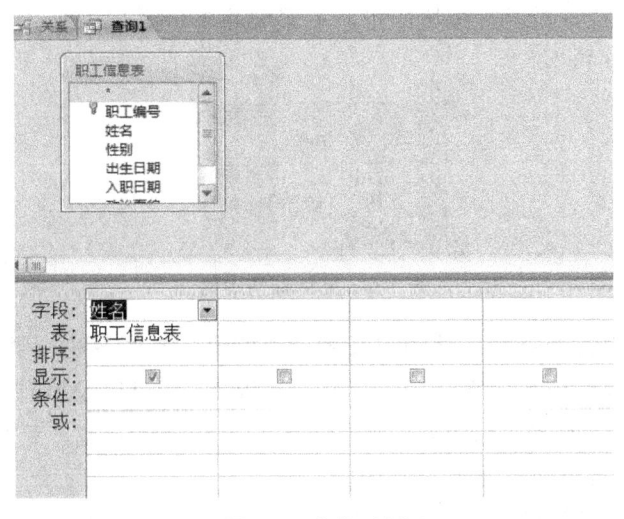

图 3-4 查询示例

单击设计菜单中的运行按钮 即可查看查询结果,如图 3-5 所示。如果查询已设计完毕,可关闭设计视图或查询结果窗口,此时系统提示是否保存查询以及保存的名称。

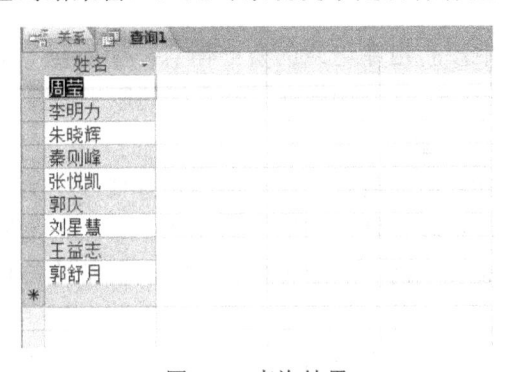

图 3-5 查询结果

3. 带条件和排序的查询

在上面的设计视图中,在相应字段的"条件"中输入一个表达式,用来限制查询返回的结果集。例如,输入"周莹",则结果集中只返回"周莹"这一条记录。表达式还可以通过"生成器"产生复杂的条件,也支持通配符"*""?",其中"*"匹配任意多个任意字符,而"*"匹配单个任意字符。例如,"Like "张*""表示返回所有姓张的职工姓名,而"Like "郭?""则返回所有姓郭但姓名只有两个字的职工姓名,如"郭庆"。

在上面的设计视图中,在相应字段的"排序"中选择"升序"或"降序",则结果集就按该字段升序或降序排列。

4. 操作查询

注意:以下操作查询执行后是不可撤销的,执行前要慎重考虑。

更新查询　将表中符合查询条件的记录的相应字段值批量更改为新的值,如所有资产信息的单价提高 0.5 元,先用设计视图设计好选择查询(默认),然后在"查询工具"菜单"设计"中选择"更新",再在设计视图的"单价"字段的"更新到"框中输入"[单价]+0.5",如图 3-6 所示,单击工具栏运行按钮即可。如果要将单价提高 10%,则需在"更新到"框中输入"[单价]*(1+0.1)"。

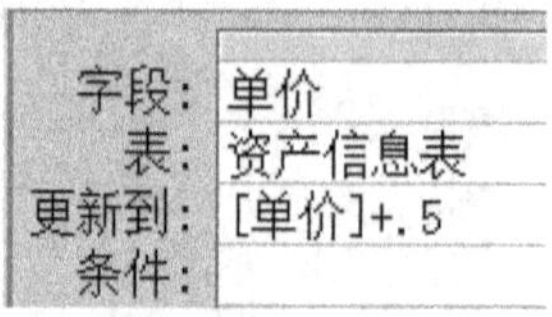

字段:	单价
表:	资产信息表
更新到:	[单价]+.5
条件:	

图 3-6　更新查询示例

删除查询　将表中符合查询条件的记录集批量删除,操作方法与更新查询类似。

生成表查询　将查询结果保存在表中,可以是新表,也可以是原有的表,可以是当前数据库的表,也可以是其他数据库的表,操作方法与更新查询类似,系统会提示选择或输入表的名称,运行后,查询结果才保存到表中。

追加查询　将符合查询条件的结果集追加到另一个表中,与生成表查询类似,要求被追加的表必须包含查询结果的相应字段。

【实验任务】

设计如下查询:

查询"资产入库"表中没有出库记录的资产信息,使用查找不匹配项查询向导;

查询所有出生日期在 1975-1-1～1985-12-30 之间的职工信息,并按年龄降序排列;

查询所有姓刘的女职工信息;

将资产信息表中所有办公用品类资产信息的单价降低 5%(更新查询);

将备份数据库中职工信息表中姓郭的职工信息的记录集批量删除(删除查询);

对资产信息表进行生成表查询,生成单价>=10000 元的资产信息表,新产生的表名为"贵重资产(生成表查询)";

对资产信息表进行追加查询,将商品单价在 10000<=单价<1000 元范围内的资产信息追加到"贵重资产"表(追加查询)。

实验二　复杂查询

【实验目的】

掌握多表查询的设计;

熟悉参数查询和统计查询设计。

【实验内容】

创建多表查询;

设计带参数的查询;

创建统计查询。

【实验步骤】

1. 多表查询

打开查询设计视图，依次添加查询所依赖的多张表。添加查询结果所需的字段，设置查询条件，单击工具栏中的运行按钮即可看到查询结果。

2. 设计带参数的查询

带参数的查询实际上就是条件查询，只不过参数查询的条件更灵活，每次运行查询时由用户动态输入参数来确定查询的条件。只要在某字段的条件中输入中括号"[]"就表示参数查询，中括号中间的文字表示输入提示，每次运行该查询时，先出现参数对话框，输入参数，单击"确定"按钮后，查询按输入值进行查询。

3. 创建统计查询

查询还可以对字段统计次数，对数值型字段汇总，查找最大值、最小值、计算平均值、标准差、方差等。

注意：在"统计查询"中，对应"总计"行，一般新建字段(表中原本不存在而在查询中创建的字段)为总计(具体选项根据查询要求选择)，其余字段为分组字段。

【实验任务】

进货查询：查询出系统中哪些办公用品应该补充(数量<150)。

存货查询：查询系统中各资产的库存信息(资产名称、单价、数量)。

利用总计查询统计每个仓库累计入货次数。提示：在查询设计视图中使用"汇总"按钮，然后将"总计"行设定为"计数"。

利用计算查询统计每个仓库累计出货收款金额。

根据输入的"物资编号"查询物资的入库信息。提示：使用参数查询。

【实验报告】

分析实验任务的具体实现步骤(包括分析从"显示表"中选用哪些表、从选择表中选用哪些字段及创建查询的整个过程)，将各查询的设计视图截图附在实验报告中。

写出实验过程中遇到的问题及你认为的难点。

写出实验过程中的心得体会。

实验三　SQL 查询语句练习

【实验目的】

掌握数据库操作语句的使用；

掌握查询分析器的使用方法；

掌握 SELECT 语句在单表查询中的应用；

掌握 SELECT 语句在多表查询中的应用；

掌握 SELECT 语句在嵌套查询中的应用；

掌握 insert、delete、update 数据操纵语句的用法；

掌握数据定义 create table、alter table、drop 的用法。

【实验内容】

直接编写 SQL 语句查询。

前面设计的查询是通过向导或设计视图等图形界面方式创建的，我们还不知道其真正的 SQL 语句是什么。其实，可以通过鼠标单击设计视图的空白区域，在弹出菜单中选择"SQL 视图"或直接单击设计左上角的视图中的"SQL 视图"，即可查看查询背后的 SQL 语句。实际上，可以修改已经创建好的查询，甚至在空白的设计视图中徒手编写 SQL 语句创建查询。不过，这需要对 SQL 比较熟悉才行，而且要注意的是，Access 是一个具体的软件环境，并不一定支持所有 SQL 语句，使用教材上的示例 SQL 语句时要结合 Access 的在线帮助。

1. Select 查询语句

SQL 提供了 Select 语句进行数据库的查询，该语句具有灵活的使用方式和丰富的功能。其一般格式如下：

```
SELECT select_list
[ INTO new_table ]
FROM table_source
[ WHERE search_condition ]
[ GROUP BY group_by_expression ]
[ HAVING search_condition ]
[ ORDER BY order_expression [ ASC | DESC ] ]
```

Select 语句的功能：根据 Where 子句的条件表达式，从 From 子句指定的基本表的全部元组中找出满足条件的部分元组，再按 Select 子句中的目标列表达式，挑选出这些元组中的某几个特定的属性列值形成结果表。如果有 Group by 子句，则表示要将查询结果按照 Group by 子句后<属性列名>所表示的属性列的不同值进行某种方式的汇总，具体的汇总方式有求和、计数、求最大值、求最小值、求平均值等。如果有 Order by 子句，则还要将查询结果按 Order by 子句后<属性列名>值的升序(ASC)或降序(DESC)进行排序。

(1) 单表查询

单表查询是指仅设计一个表的查询。在很多情况下，用户只对表中的一部分属性列感兴趣。可以在 Select 子句的<目标列表达式>中指定要查询的属性。

A. 选择某个表中的若干属性列(投影)

即从数据库的一个表中挑选出某几个特定的属性列值。

注意：Select 子句后面的<目标列表达式>中各个属性列的先后顺序可以与其在表中的顺序不一致。

B. 选择某个表中符合适当条件的记录(选择)

在实际的查询过程中，有时我们不是简单地从数据库的某个表中挑选一些列，而是需要挑选出符合自己规定的某个(或某些)条件的部分记录，这时就需要在 Select 语句中加入条件子句(Where 子句)。

Where 子句中常用的查询条件及运算符(或谓词)有很多，具体如下：

查询条件	运算符(或谓词)
比较	=, >, <, >=, <=, <>
确定范围	BETWEEN AND, NOT BETWEEN AND
确定集合	IN, NOT IN
字符匹配	LIKE, NOT LIKE
空值	IS NULL, IS NOT NULL
多重条件	AND, OR, NOT

(2) 多表查询

由于存放在数据库中的各个表不是孤立的,而是相互联系的,因此,有时我们会对多个表的数据同时进行查询以组成一个综合性的结果集。

A. 简单条件连接查询

简单条件连接查询是指仅涉及一个连接条件的连接查询。

B. 复合条件连接查询

复合条件连接查询是指具有多个条件的连接查询。

(3) 嵌套查询

嵌套查询是指将一个 Select—From—Where 查询块嵌套在另一个查询块的 Where 或 Having 短语的条件中的查询。

A. 带有比较运算符的子查询

当子查询返回的结果是单值时,可以使用比较运算符连接父查询和子查询。

B. 带有 IN 谓词的子查询

当子查询的查询结果包含多个值时,经常会使用谓词 IN 来连接子查询和父查询。

C. 带有 ANY 或 ALL 谓词的子查询

当子查询的查询结果包含多个值时,光用谓词"IN"来连接子查询和父查询是不够的,有时会用到前置了比较运算符的谓词"ANY"或"ALL"。其中,"ANY"代表子查询结果中的某个值,"ALL"代表子查询结果中的所有值。

【实验任务】

打开实验二中使用的"物资管理系统"数据库文件,以下操作都在该文件中进行。请使用 SQL 命令实现以下操作。

建立名为"6-2"的查询,要求查询物资信息表中包含哪些物资类别。

提示:查询结果中须去掉重复值。

建立名为"6-3"的查询,要求查询资产信息表中单价在 100 元以上的办公用品,结果包含资产编号、资产名称、类别和单价 4 列数据,查询结果按单价降序排列。

建立名为"6-4"的查询,要求查询资产信息表中各类别商品的最高价和最低价。

提示:需要使用分组。

建立名为"6-5"的查询,要求查询资产入库情况,包括资产编号、入库数量、入库日期、仓库名称和地点。

提示:使用简单连接(也叫物理连接)从资产入库表和仓库表中查询指定字段。

建立名为"6-6"的查询,要求将资产信息表中编号为 RY001 的物资规格型号由 500ml 修改为 200ml。

建立名为"6-7"的查询,将资产信息表中所有类别为办公用品的资产单价上涨 5%。

创建一个名为"6-8"的数据定义查询,通过该查询建立一个名为"系统用户"的表,表结构如下,不需要输入记录。

字段名	数据类型	字段大小	备注
用户账号	文本	5	主键
密码	文本	8	

创建一个名为"6-9"的查询,向上一题中创建的"系统用户"表中插入一条记录,账号是 user1,密码是 123456。

创建一个名为"6-10"的查询,在"系统用户"表中增加一个字段"上次登录时间",日期型。

建立名为"6-11"的查询,查询资产信息表中还没有入库的资产信息。

保存"资产管理系统.accdb",提交到服务器上。

第4章 窗　　体

4.1　学　习　要　点

1. 窗体的作用：提供给用户方便对数据库里的数据进行操作的一个接口或界面。
2. 窗体的类型，窗体的视图及每种视图能够完成的操作。
3. 窗体主要属性的功能、属性的设置和修改。
4. 控件的分类及常用控件的功能、属性设置。

常用的窗体属性：标题，浏览按钮，滚动条，分隔线，最大化、最小化按钮，关闭按钮，边框样式，数据源等。

常见的控件属性：标题，名称，前景色，可见性，是否有效，字体格式等。

5. 窗体和控件的事件，常用事件的功能及事件内容设置。

4.2　习　　题

一、单项选择题

1. 在 Access 中可用于设计输入界面的对象是(　　)。
   A．窗体   B．报表
   C．查询   D．表
2. 既可以直接输入文字，又可以从列表中选择数据的控件是(　　)。
   A．选项框   B．文本框
   C．组合框   D．列表框
3. 主窗体和子窗体通常用于显示多个表或查询中的数据，这些表或查询中的数据一般应该具有的关系是(　　)。
   A．一对一   B．一对多
   C．多对多   D．笛卡儿积
4. 在职工信息录入窗体中，为字段"政治面貌"提供"中共党员""群众"和"其他党派"三个选项供用户选择，最合适的控件是(　　)。
   A．标签   B．组合框
   C．文本框   D．复选框
5. 控件获得焦点时的事件是(　　)。
   A．Exit   B．Enter
   C．GotFocus   D．LostFocus

6. 窗体的 Caption 属性的作用是(　　)。
　　A. 确定窗体的标题　　　　　　　B. 确定窗体的边框
　　C. 确定窗体的字体　　　　　　　D. 确定窗体的背景色
7. 在代码中引用窗体中的某一个控件时,应使用的控件属性是(　　)。
　　A. Caption　　　　　　　　　　 B. Text
　　C. Value　　　　　　　　　　　 D. Name
8. 要使一个文本框获得输入焦点,可使用的方法是(　　)。
　　A. GotFocus　　　　　　　　　　B. SetFocus
　　C. Point　　　　　　　　　　　 D. Value
9. 下列选项中,所有控件共有的属性是(　　)。
　　A. Caption　　　　　　　　　　 B. Text
　　C. Value　　　　　　　　　　　 D. Name
10. 能够接收从键盘输入的文本或数值数据的控件是(　　)。
　　A. 窗体　　　　　　　　　　　　B. 命令按钮
　　C. 文本框　　　　　　　　　　　D. 标签
11. 窗体上有一个标签控件 Label0 和一个命令按钮控件 Command1,Command1 的单击事件代码如下:

```
Private Sub Command1_Click(    )
        Label0.Top = Label0.Top+20
End Sub
```

切换到窗体视图后,单击该窗体上这个命令按钮,结果是(　　)。
　　A. 标签向上移动　　　　　　　　B. 标签向下移动
　　C. 标签向上加高　　　　　　　　D. 标签向下加高
12. 下列不属于 Access 窗体的视图是(　　)。
　　A. 设计视图　　　　　　　　　　B. 窗体视图
　　C. 版面视图　　　　　　　　　　D. 数据表视图
13. 下列不属于窗口事件的是(　　)。
　　A. 打开　　　　　　　　　　　　B. 关闭
　　C. 删除　　　　　　　　　　　　D. 加载
14. 假设已在 Access 中建立了包含"书名""单价"和"数量"3 个字段的"ts"表,以该表为数据源创建的窗体中,有一个计算订购总金额的文本框,其控件来源为(　　)。
　　A. [单价]*[数量]
　　B. =[单价]*[数量]
　　C. [图书订单表]![单价]*[图书订单表]![数量]
　　D. =[图书订单表]![单价]*[图书订单表]![数量]
15. 确定一个控件在窗体或报表中的位置的属性是(　　)。
　　A. Width 或 Height　　　　　　 B. Width 和 Height

第4章 窗　　体

　　C．Top 或 Left　　　　　　　　　　　D．Top 和 Left

16．假设已建立一个窗体，该窗体中有一个标签和一个命令按钮，名称分别为 Label1 和 Command1。则在"窗体视图"显示它时，要求实现单击命令按钮后标签上显示的文字颜色变为红色，以下能实现该操作的语句是（　　）。

　　A．Label1.ForeColor=255

　　B．Command1.ForeColor=255

　　C．Label1.BackColor="255"

　　D．Command1.BackColor="255"

二、填空题

1．窗体由多个部分组成，每个部分称为一个节，大部分窗体只有_____。
2．窗体中的控件有绑定型、_____和_____3种。
3．____属性主要是针对控件外观或窗体显示格式而设置的。
4．组合框和列表框的主要区别是是否允许在框中_____。
5．工具箱的作用就是向窗体_____。
6．用于输入或编辑数据最常用的控件是_____。
7．在 Access 中，窗体的数据来源主要包括_____和_____。

三、简答题

1．在窗体中，组合框与列表框有何主要区别？

4.3　实　　验

实验一　创建窗体

【实验目的】

1．掌握创建窗体的基本方法及窗体属性的设置；
2．掌握窗体中常用控件的创建方法及属性设置；
3．掌握控件布局的调整方法。

【实验内容】

1．创建简单的数据窗体；
2．创建高级窗体；
3．使用设计视图创建数据窗体；
4．使用控件。

【实验步骤】

窗体是数据库系统与用户的界面，通常用于显示各种提示、出错、警告信息；用于编辑数据表中的数据，可以利用窗体对数据库中的数据进行输入、修改、删除等操作；通过在窗体中建立命令按钮或其他控件，设置相应事件，可以控制应用程序流程等。

1. 使用"窗体向导"创建简单数据窗体

(1)打开"资产管理系统"数据库,在"创建"选项卡的"窗体"组中单击"窗体向导"按钮,打开如图 4-1 所示对话框。在"表/查询"列表中选择"资产信息表",再将全部字段选定,然后单击"下一步"按钮。

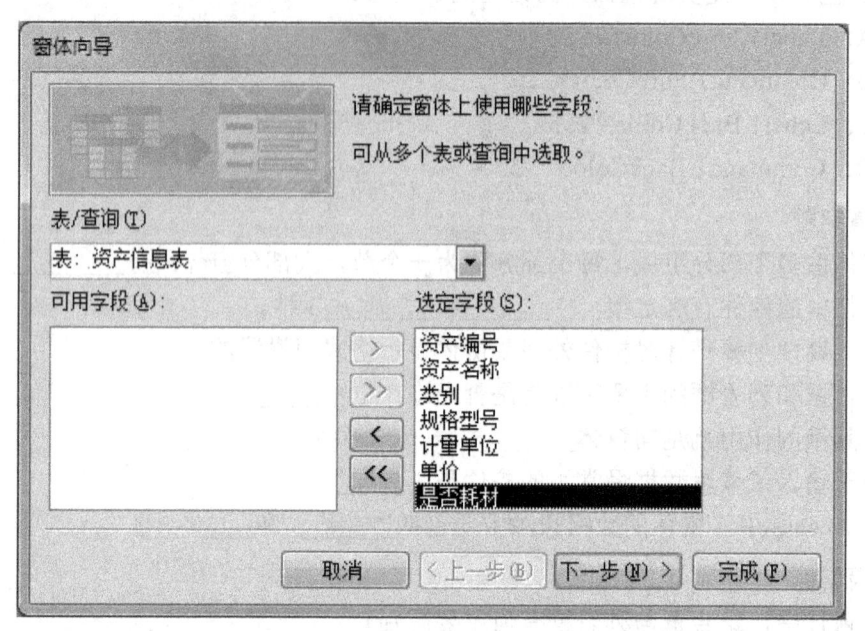

图 4-1 窗体向导(一)

(2)在向导的第二步中选择"纵栏表",然后在第三步中选择"修改窗体设计",最后单击"完成"按钮。结果如图 4-2 所示。

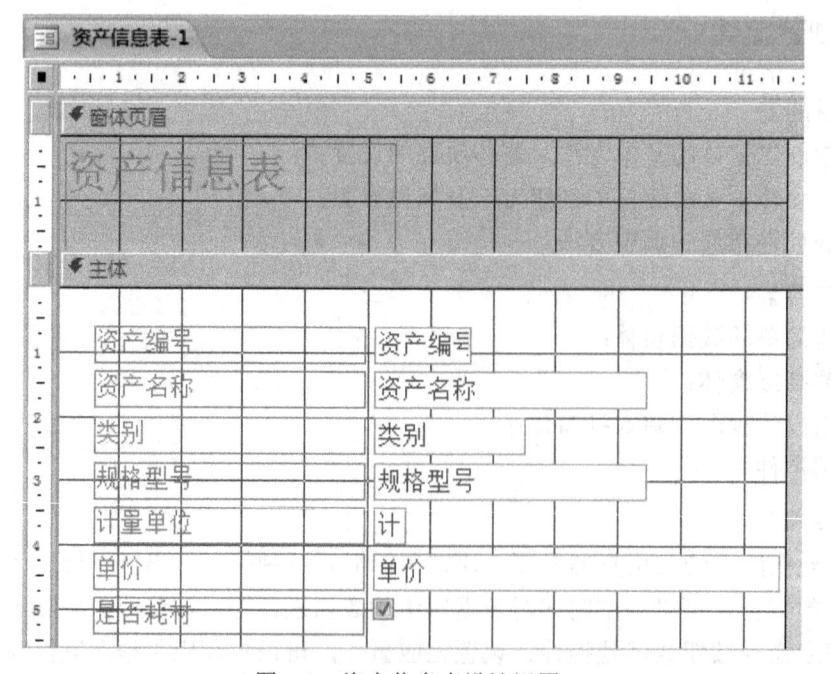

图 4-2 资产信息表设计视图

(3)在设计视图中,对窗体可以继续进行添加控件、美化外观、插入日期等操作。

2.创建主/子窗体

(1)使用窗体向导创建仓库信息窗体,并对其进行美化操作,如文字加粗、字号加大等。最后调整各控件位置,结果如图 4-3 所示。

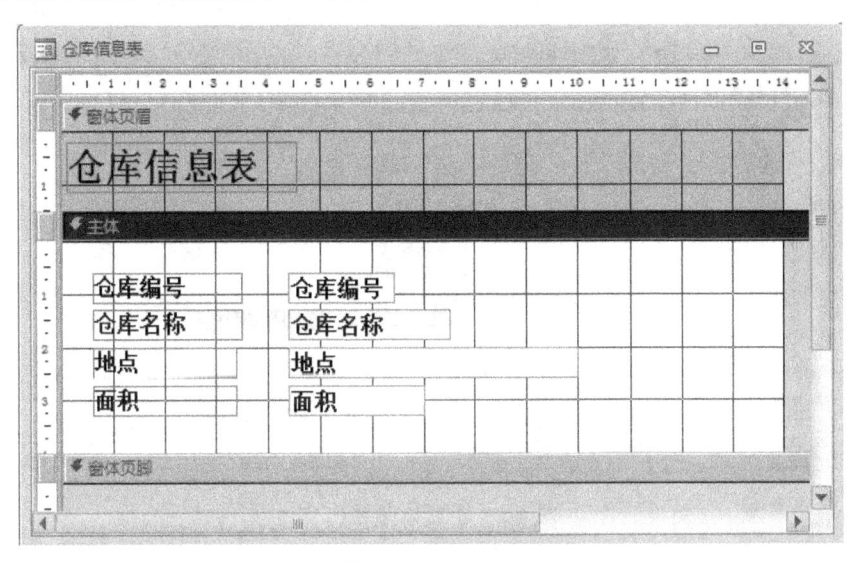

图 4-3 使用向导创建仓库信息表

(2)拖动主体边缘,使主体加高、加宽。在图 4-3 的仓库信息下面,插入子窗体。方法:单击"设计"选项卡"控件"中的"子窗体/子报表"。此时打开如图 4-4 所示的子窗体向导第一步。选择默认的"使用现有的表和查询"选项,然后单击"下一步"按钮。

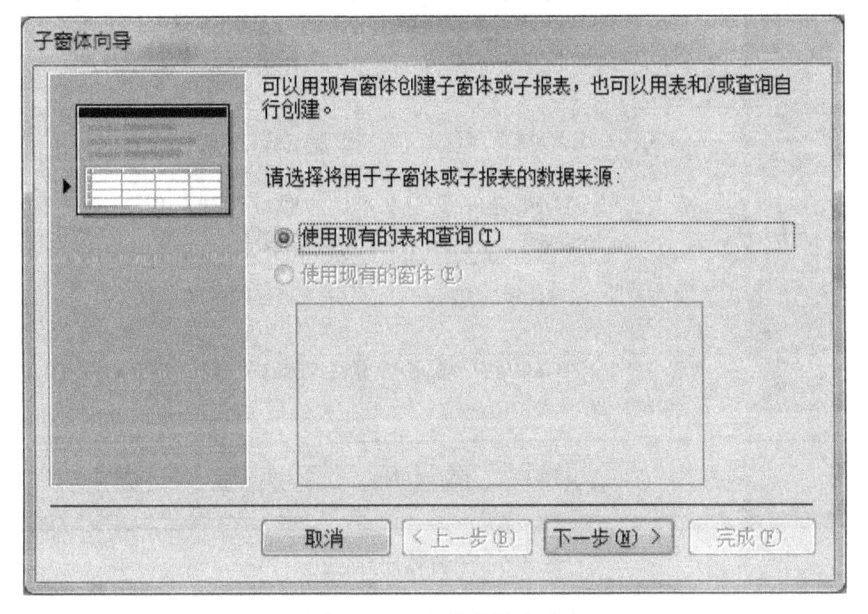

图 4-4 子窗体向导(一)

(3)这里我们选择"资产入库表"作为子窗体,并选取"资产入库表"的全部字段信息,如图 4-5 所示。注意："资产入库表"与"仓库信息表"之间已建好一对多关系。并且，"一"方是仓库信息表，是主表；"多"方是"资产入库表"，是子表。

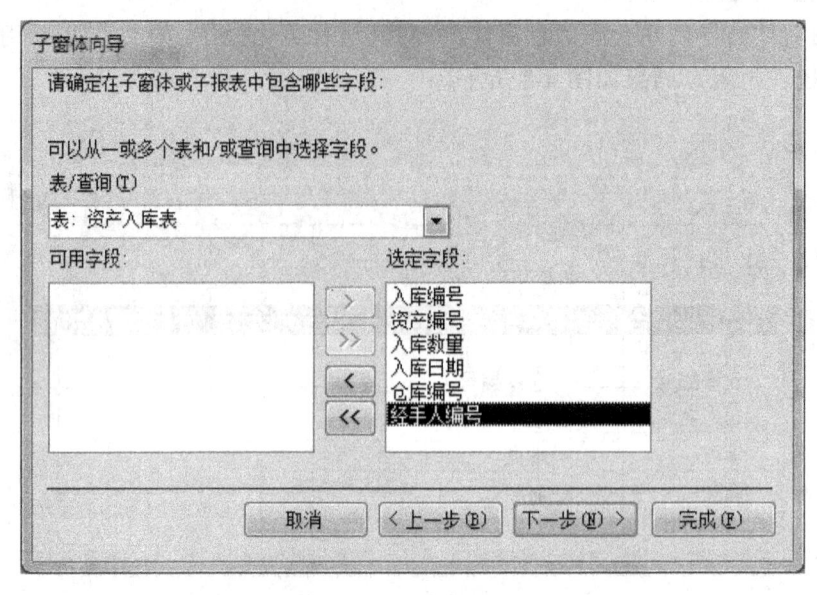

图 4-5　子窗体向导(二)

选定后单击"下一步"按钮。

(4) 如图 4-6 所示，需要自行定义主/子窗体的连接字段。一般都是通过公共字段进行连接，这里都选择"仓库编号"字段。

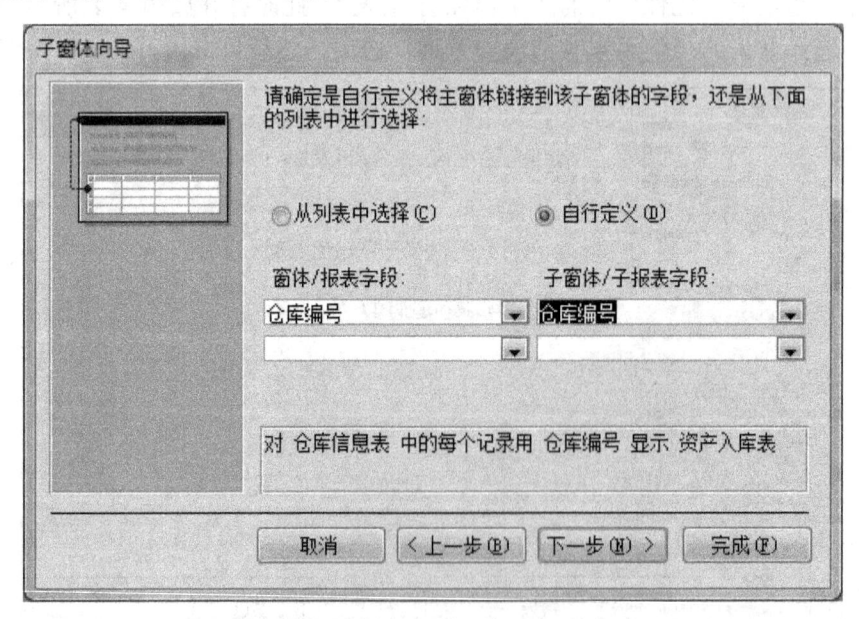

图 4-6　子窗体向导(三)

(5) 单击"下一步"按钮后，在最后一个对话框中输入子窗体的标题"该仓库入库资产情况"，最后单击"完成"按钮。结果如图 4-7 所示。

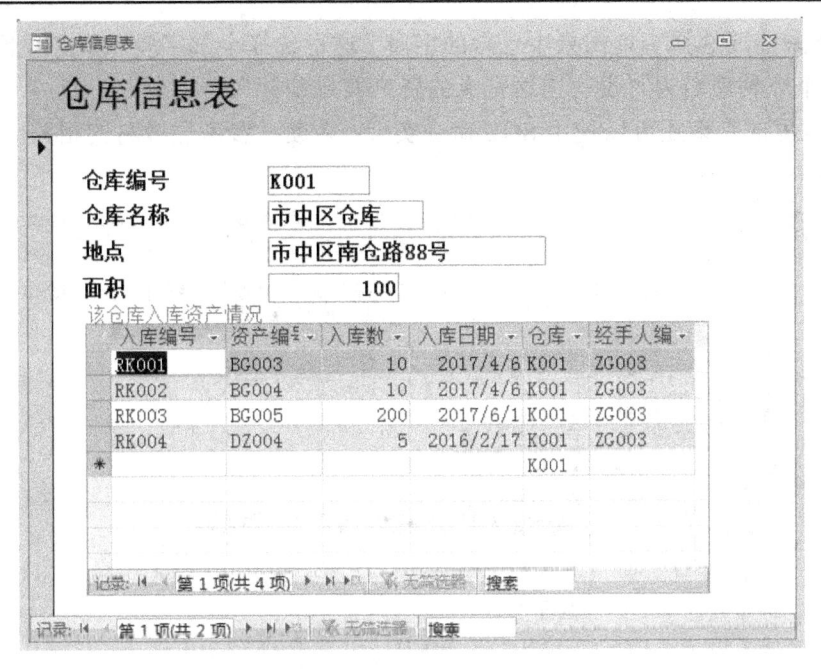

图 4-7 主/子窗体示例运行结果

(6) 使用设计视图创建一个窗体,用来显示资产信息表中没有出库记录的资产的全部信息。

(7) 新建一个不匹配项查询,用来查询资产信息表中没有出库记录的资产信息。单击"创建"选项卡"查询"组中的"查询向导",在如图 4-8 所示的对话框中选择"查找不匹配项查询向导",然后单击"确定"按钮。

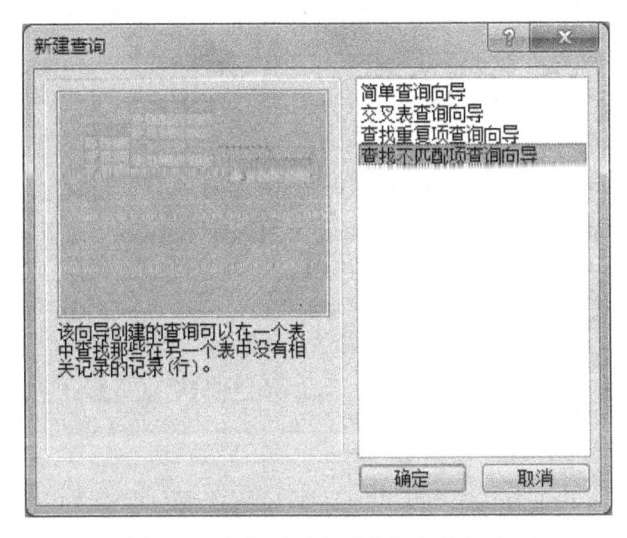

图 4-8 查找不匹配项查询向导(一)

(8) 在图 4-9 所示对话框中选择资产信息表,然后单击"下一步"按钮,在接下来出现的对话框中选择"资产出库表",单击"下一步"按钮后需要设置两个表的公共字段连接,这里使用默认值即可。

(9) 接下来需要选择查询结果中包含的字段,这里选择全部字段。单击"下一步"按钮之后,将这个查询命名为"没有出库记录的资产信息统计"。

注意:这里的查询还可以使用 SQL 命令实现,请读者参考主教材的相关内容自行写出该 SQL 命令。

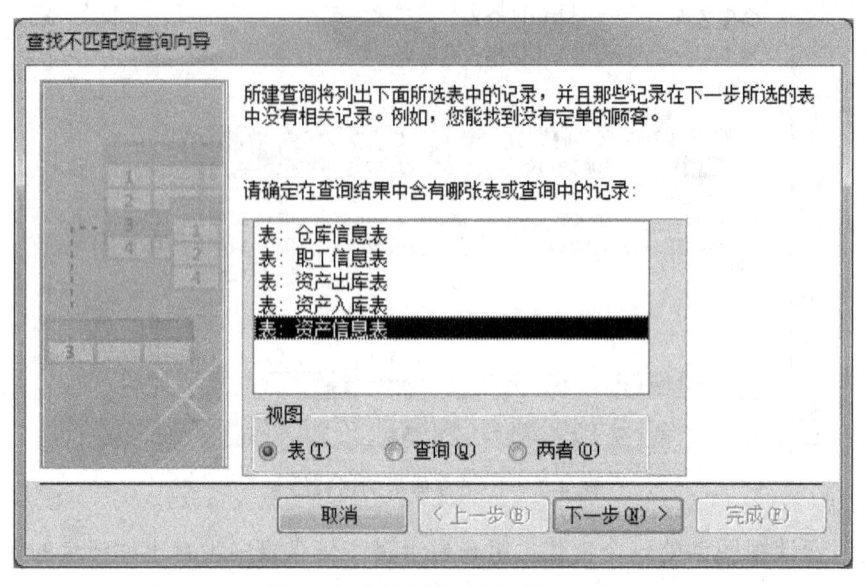

图 4-9 查询不匹配项向导(二)

(10) 单击"创建"选项卡上"窗体"组中的"窗体设计"按钮,创建一个空白窗体。然后单击"窗体设计工具"选项卡上"工具"组中的"属性表"按钮,将窗体的记录源设置为前面建立的名为"没有出库记录的资产信息统计"的查询。结果如图 4-10 所示。

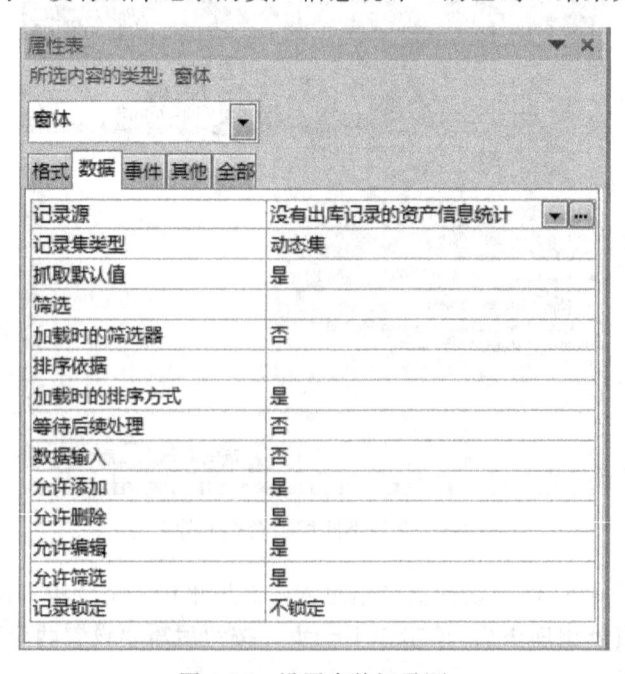

图 4-10 设置窗体记录源

(11)单击"窗体设计工具"选项卡上"工具"组中的"添加现有字段"按钮,将字段列表中的字段依次双击,添加到窗体中。

(12)最后可以对窗体中的控件进行文字美化工作。

实验二　窗体中添加控件

(1)标签的使用

在窗体的设计视图下,单击"窗体设计工具"选项卡"控件"组中的"标签"控件,然后在空白窗体中画出一个标签,输入需要显示的文字即可。标签的主要属性有名称、标题、高度、宽度、边框样式、边框宽度、边框颜色,以及与字体格式相关的属性,如字体名称、字号、加粗、倾斜等。

(2)文本框的使用

在窗体的设计视图下,单击"窗体设计工具"选项卡"控件"组中的"文本框"控件,然后在空白窗体中画出一个文本框,再在"文本框向导"中设置文本框的字体格式、输入法模式及文本框名称。接下来切换到窗体视图,就可以在文本框中输入数据了。

(3)命令按钮的使用

在窗体的设计视图下,单击"窗体设计工具"选项卡"控件"组中的"按钮"控件,然后在空白窗体中画出一个按钮,这时打开"命令按钮向导"对话框,如图4-11所示。关于按钮功能的设置都在这个对话框中,首先在"类别"列中选择,右侧是该类别对应的多种不同的"操作"。单击"下一步"按钮,确定按钮上显示文本还是图片,最后指定按钮的名称,单击"完成"按钮即可。

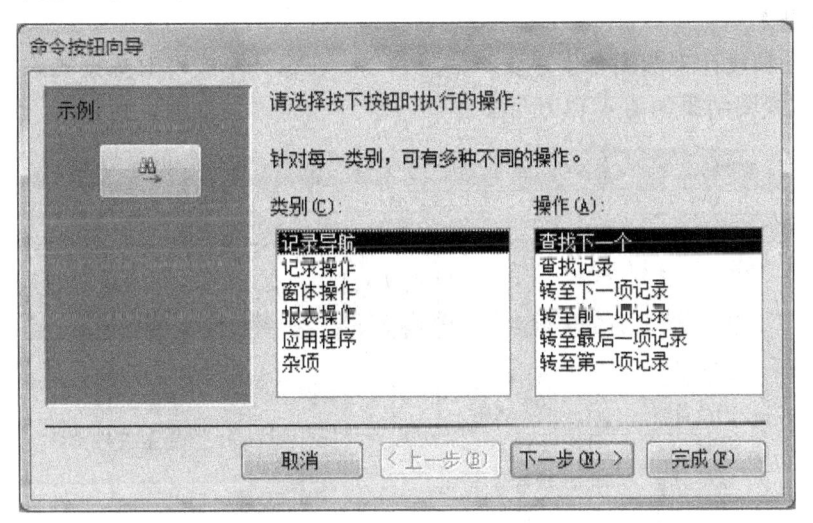

图4-11　命令按钮向导(一)

(4)列表框和组合框的使用

在窗体的设计视图下,单击"窗体设计工具"选项卡"控件"组中的"列表框"控件,然后在空白窗体中画出一个列表框,这时打开"列表框向导"对话框,如图4-12所示。如果选择"使用列表框获取其他表或查询中的值",则会在接下来的步骤中选择提供数值的表或查询,再选择字段,确定排序依据,指定列宽,最后指定列表框标签。如果选择"自行键入所需的值",则在接下来的步骤中输入数据,然后指定列表框标签就可以了。

组合框和文本框的使用方法类似,这里不再赘述,请读者自行研究使用。

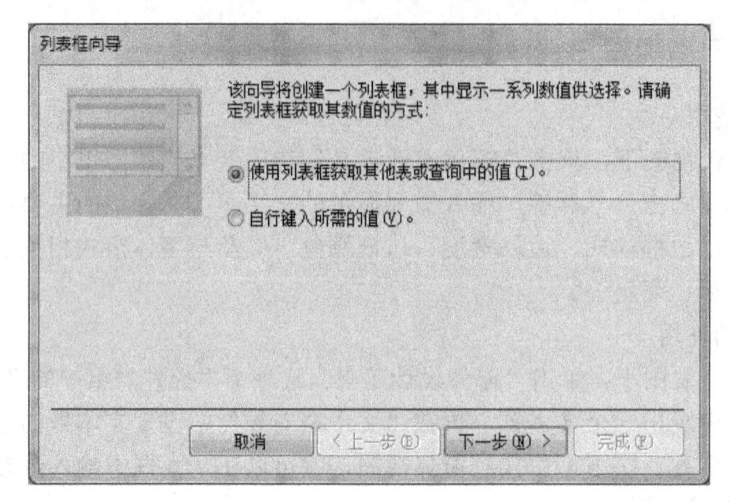

图 4-12 列表框向导(一)

(5)选项卡的使用

在窗体的设计视图下,单击"窗体设计工具"选项卡"控件"组中的"选项卡"控件,然后在空白窗体中画出一个选项卡,由于选项卡控件的作用是用来放置其他控件的容器,所以尽可能画的大一点。选项卡的主要操作是修改名称、插入页和删除页。

【实验任务】

1. 用向导和设计视图配合创建资产信息窗体,在窗体中实现对数据的添加、删除、浏览功能。窗体视图结果如图 4-13 所示。

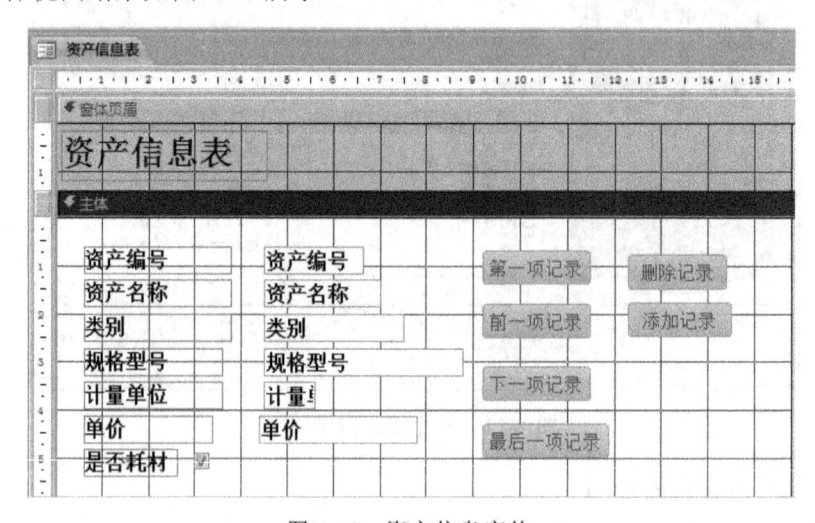

图 4-13 资产信息窗体

2. 使用向导和"子窗体"控件配合创建资产信息/资产入库情况的主/子窗体,资产信息为主窗体,资产入库信息为子窗体。

第 4 章 窗 体

3．建立一个窗体，用来显示：在资产信息表中出现的没有入库记录的资产编号、资产名称、规格型号和单价。要求：本例中用到的查询请使用 SQL 命令实现。

4．创建"资产信息录入"窗体，运行效果如图 4-14 所示。

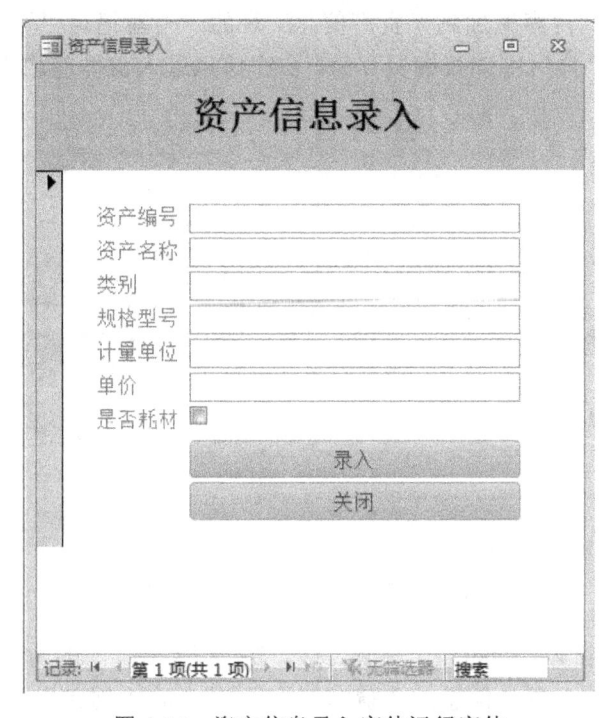

图 4-14　资产信息录入窗体运行窗体

主要步骤：

(1)使用查询设计器创建一个查询，添加"资产信息表"，并将所有字段添加到"字段"行中。然后将"资产编号"列的条件设为"[forms]![资产信息录入]![资产编号]"，单击"保存"按钮，将其命名为"资产信息录入窗体查询"，如图 4-15 所示。

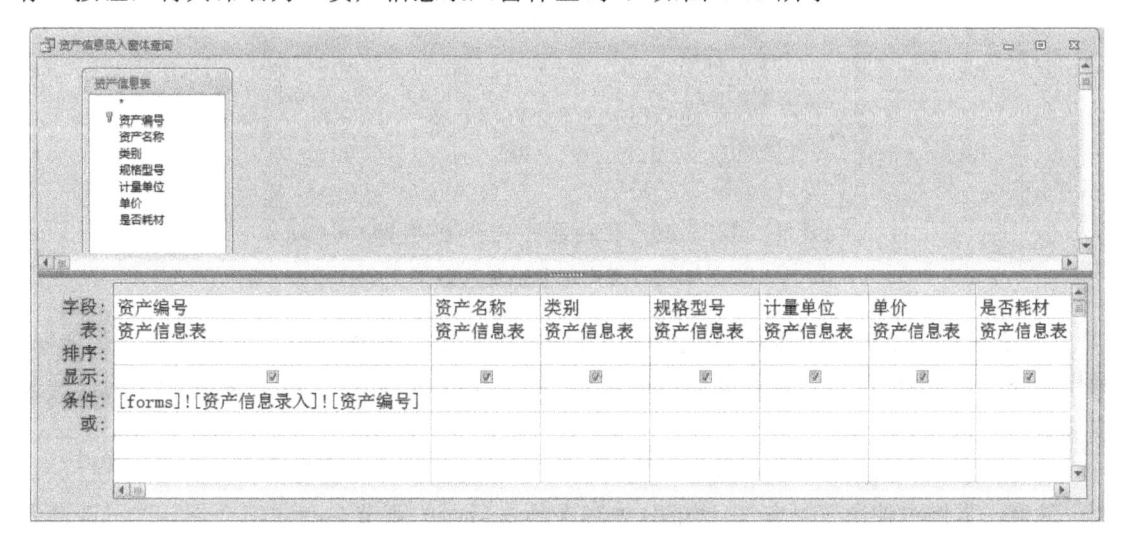

图 4-15　资产信息录入窗体查询

(2)使用查询设计器创建一个追加查询,在"追加"对话框中选择"追加到"的表名称为"资产信息表"。在第一列的"字段"行中输入"[forms]![资产信息录入]![资产编号]",在"追加到"行的下拉列表中选择"资产编号"。这样设置的作用:将"资产信息录入窗体"中"资产编号"框中的内容追加到"资产信息"表的一条新记录"资产编号"字段中。其他列也做类似的设置。最后将该查询保存为"资产信息录入窗体追加查询",效果如图 4-16 所示。

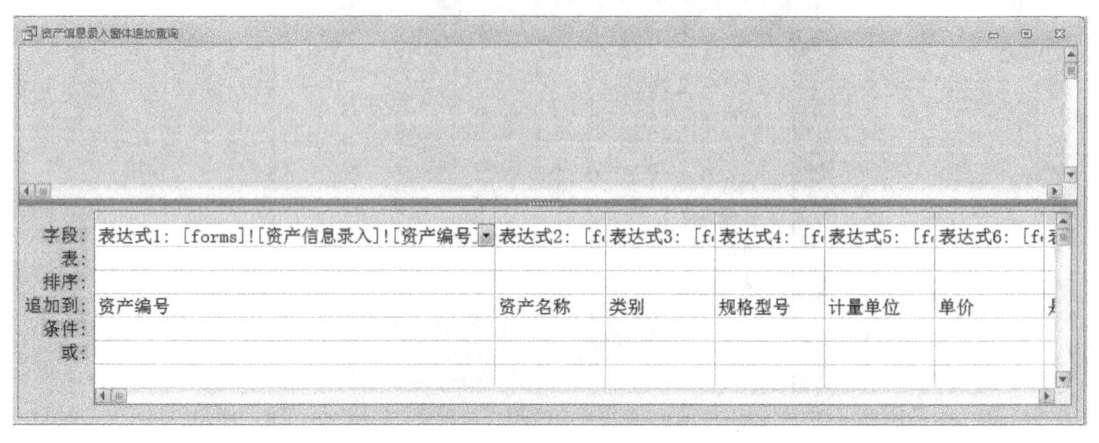

图 4-16　资产信息录入窗体追加查询

(3)先使用"空白窗体"创建一个窗体,将"资产信息表"中的所有字段添加到窗体中,并将窗体记录源设置为"资产信息录入窗体查询"。然后在"创建"选项卡"宏与代码"组中单击"宏"按钮,选择"OpenQuery"选项,将其保存,同时命名为"资产信息追加宏",效果如图 4-17 所示。

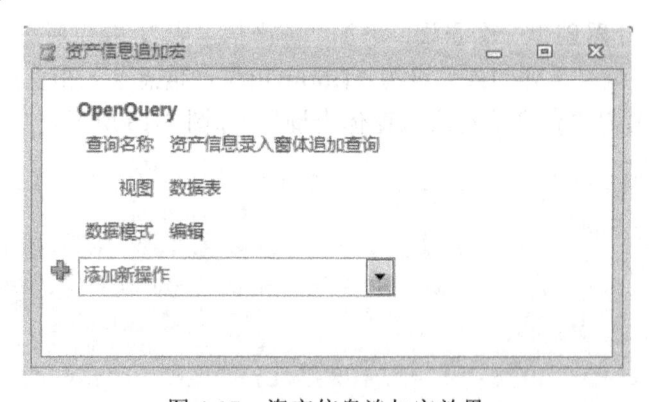

图 4-17　资产信息追加宏效果

(4)在窗体上添加一个按钮控件,在"命令按钮向导"对话框中,类别选择"杂项",操作选择"运行宏",然后选择要运行的宏是"资产信息追加宏",接下来将按钮的显示文本设置为"录入"。

(5)请读者自行添加一个功能为"关闭窗口"的按钮,并在窗体页面中添加标题。

注意:本例中使用了"宏",这部分内容在教材后面的章节中有详细介绍,这里请读者跟着步骤操作即可,不必纠结太多,随着学习的深入就能慢慢理解了。

实验三 创建"资产管理系统"窗体

要求：

(1) 首先建立图 4-18 中符合功能的 10 个窗体。

(2) 然后在窗体上建立一个包含 3 个页面的选项卡，选项卡上的按钮如图 4-18 所示。这些按钮的功能就是打开各自对应的窗体。

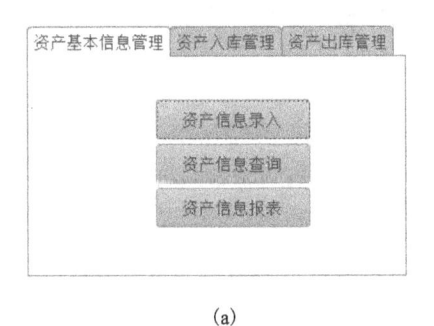

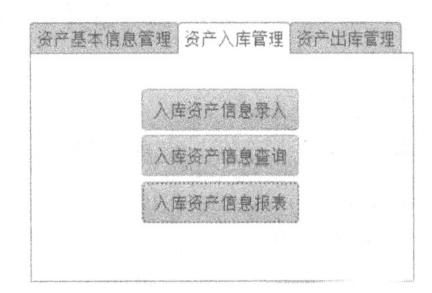

图 4-18 选项卡页面

第 5 章 报 表

5.1 学习要点

1. 报表的作用。
2. 报表的组成及每一节在打印操作中的作用。
3. 报表的数据源及报表的分类。
4. 设置报表的排序依据、分组依据。
5. 添加计算控件，添加页码等。

5.2 习 题

一、单项选择题

1. Access 数据库中专用于打印的是（　　）。
   A．表　　　　　　　　　　　　　　B．报表
   C．窗体　　　　　　　　　　　　　D．查询
2. 下列关于报表的叙述中，正确的是（　　）。
   A．报表只能输入数据　　　　　　　B．报表只能输出数据
   C．报表可以输入和输出数据　　　　D．报表不能输入和输出数据
3. 报表的数据源不包括下列哪一项？（　　）
   A．窗体　　　　　B．表　　　　　C．查询　　　　　D．SQL 语句
4. 通过下图所示报表设计视图，判断出该报表的分组字段是（　　）。

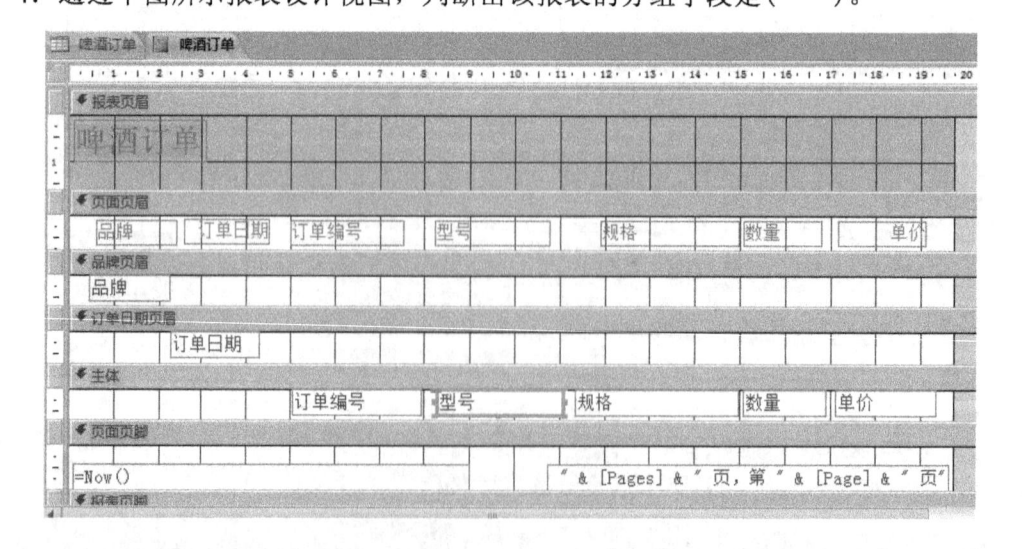

A．品牌 　　　　　　　　　　　B．订单日期
C．品牌和订单日期 　　　　　　D．无分组字段

5．在报表中要显示格式为"第 N 页，共 N 页"的页码，正确的页码格式是（　　）。
A．="第"+page+"页，共"+pages+"页"
B．="第"+[page]+"页，共"+[pages]+"页"
C．="第"&[page]&"页，共"&[pages]&"页"
D．="第"&pages&"页，共"&page&"页"

6．若要在报表每一页底部都输出信息，需要设置的是（　　）。
A．报表页脚 　　　　　　　　　B．页面页脚
C．页面页眉 　　　　　　　　　D．报表页眉

7．要实现报表的分组统计，其操作区域是（　　）。
A．报表页眉/页脚区域
B．页面页眉/页脚区域
C．主体区域
D．组页眉/页脚区域

8．在报表的开始处用来显示报表的标题或说明性文字的是（　　）。
A．报表页眉 　　　　　　　　　B．页面页眉
C．报表标题栏 　　　　　　　　D．分组页眉

9．如果设置报表上某个文本框的控件来源属性为"=7 MoD．4"，则打印预览视图中，该文本框显示的信息为（　　）。
A．未绑定 　　　　　　　　　　B．3
C．7 Mod 4 　　　　　　　　　 D．出错

10．关于报表数据源设置，以下说法正确的是（　　）。
A．可以是任意对象 　　　　　　B．只能是表对象
C．只能是查询对象 　　　　　　D．只能是表对象或查询对象

11．要求只在报表最后一页主体内容之后输出的信息，需要设置在（　　）中。
A．报表页眉 　　　　　　　　　B．报表页脚
C．页面页眉 　　　　　　　　　D．页面页脚

12．要设计出带表格线的报表，需要向报表中添加（　　）控件完成表格线的显示。
A．文本框 　　　　　　　　　　B．标签
C．复选框 　　　　　　　　　　D．直线或矩形

二、填空题
1．报表数据输出不可缺少的部分是_____的内容。
2．在报表设计中，可以通过添加_____控件来控制后面的内容另起一页输出。
3．一个报表共包括_____页眉/页脚、_____页眉/页脚、主体和组页眉/页脚 7 节。
4．要计算报表中所有学生的平均分，应把计算平均分的文本框设置在_____节中。

5.3 实 验

实验一 报表的建立

【实验目的】
1．掌握用向导创建报表；
2．掌握用设计视图创建报表。

【实验内容】
1．练习简单报表的设计；
2．练习高级报表的设计；
3．练习标签设计。

【实验步骤】
报表是以打印格式展示数据的一种有效方式。打印的报表通常用于存档或上报给管理部门作为决策的依据。因此报表设计的好坏至关重要。报表创建与窗体创建非常相似，通常用向导创建，然后在设计视图中修改，在报表中还可以进行数据分组、计算、汇总统计以及图表显示等。

1．用向导创建报表

(1)在"创建"选项卡的"报表"组中单击"报表向导"按钮。首先确定报表上使用的字段，然后决定是否添加分组级别，接下来确定排序次序和汇总信息，确定布局方式之后指定报表标题，单击"完成"按钮即可。

(2)切换到报表的设计视图做进一步的修改。

2．用设计视图创建报表

在"创建"选项卡的"报表"组中单击"报表设计"按钮打开报表设计器，根据需要，可以选择在报表的 7 节中放置不同的数据，以实现不同的打印效果。

由于报表通常用于纸质输出，因此，经常需要设置使用的纸张大小和页面布局。这和 Word 的页面设置类似，纸张常用 A4、B5，页面设置一般包括上下左右边距、页眉、页脚和主体部分。

报表设计视图和窗体设计视图所用的工具箱一样，控件的使用也和窗体设计视图类似，但报表设计视图通常使用标签、文本框以及用于美化格式的直线、矩形等控件，而几乎不用窗体所特有的命令按钮、组合框、复选框等控件。

设计报表时，也应先设置报表的记录源。

3．排序与分组

在设计打印报表的时候，常常有记录分组的需求，如按资产类别分组打印。这时，每个组中都包含一个组页眉和组页脚。组页眉通常显示分组字段值，组页脚通常包含一个计算总和、平均值，或统计个数的字段，以提高报表可读性。

在报表中对记录分组，需要单击"报表设计工具"选项卡"分组和汇总"组中的"分组和排序"按钮,这时在窗口下方出现"分组、排序和汇总"对话框。单击"添加组"按钮即可添加分组,单击"添加排序"按钮即可添加排序字段。

4. 创建标签报表

(1)选择标签报表的数据源,这里以"职工信息表"为例。打开"资产管理系统"数据库,单击左侧"表"列表中的"职工信息表",然后单击"创建"选项卡"报表"组中的"标签"按钮,打开"标签向导"对话框。

(2)首先选择标签的尺寸,然后选择文本的字体和颜色。接下来对标签上显示的内容进行设置,如图 5-1 所示。单击"下一步"按钮。

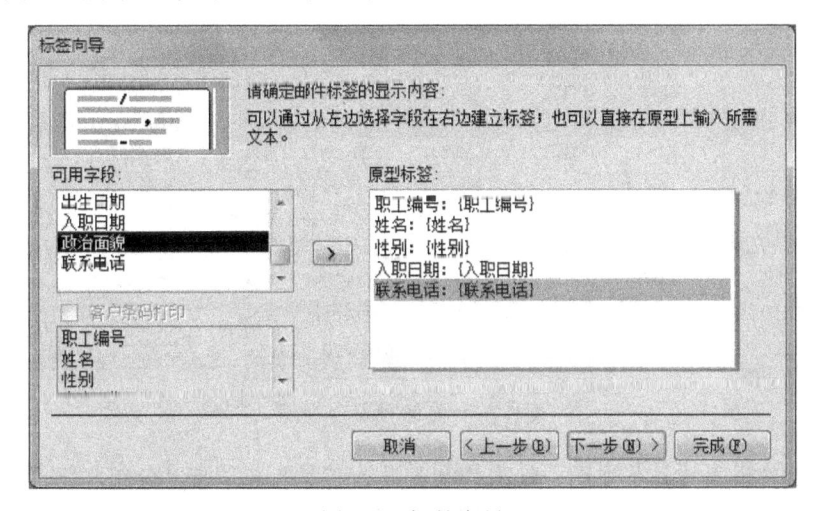

图 5-1 标签向导

(3)选择排序依据,最后指定报表名称,即完成标签报表的制作,效果如图 5-2 所示。

图 5-2 职工信息标签效果

5. 报表中的计算操作

(1) 首先使用报表向导创建一个报表，根据职工信息表的数据，按性别分组打印。调整各节中控件的位置和格式之后切换到"打印预览"视图，效果如图 5-3 所示。

图 5-3 "打印预览"视图

(2) 切换到"报表设计"视图，单击"报表设计工具"选项卡"分组和汇总"组中的"分组和排序"按钮。然后单击"更多"按钮，如图 5-4 所示。然后在图 5-5 中单击"有页脚节"来添加性别页脚。

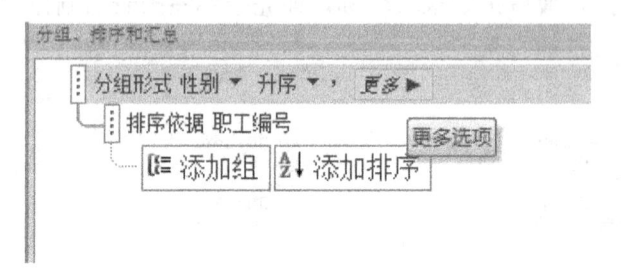

图 5-4 单击"更多"按钮

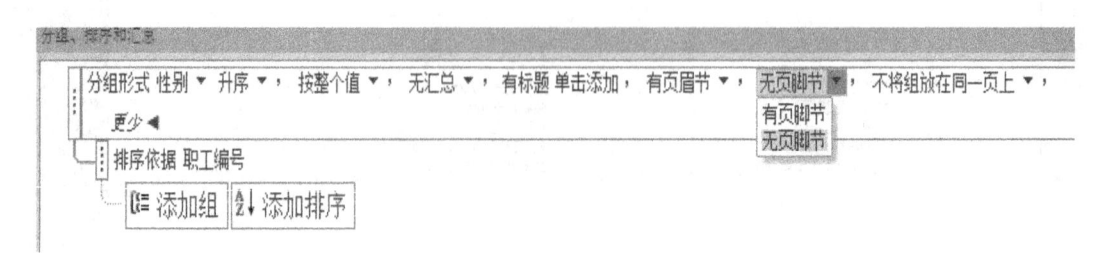

图 5-5 添加"性别页脚"节

(3) 在"性别页脚"节中添加一个"文本框"控件，然后在文本框中输入表达式：

=count(*)

修改文本框的标签为"人数"。切换到打印预览视图,效果如图 5-6 所示。

图 5-6 打印预览效果

(4)报表还可以进行求和、求平均值等计算,操作方法类似。有一点请读者注意,计算用文本框放在不同的节中,将计算出不同的结果。同样是计算人数,放在组页脚中是计算小组的人数,放在报表页脚中,就是计算整个表的人数。

实验二 创建图表报表

(1)在"职工信息表"中添加一个"工资"列,并输入合理的数据。

(2)在"创建"选项卡的"报表"组中单击"报表设计"按钮,先创建一个空白报表。然后单击"报表设计工具/设计"选项卡"控件"组中的"图表"按钮,将它放置到"主体"节中,打开"图表向导"对话框。

(3)接下来选择用于创建图表的表或查询,这里选"职工信息表"。然后选择"姓名""政治面貌"和"工资"字段作为图表字段。接下来选择"柱形圆柱图",再确定数据在图表中的布局方式,分类 X 轴是姓名,政治面貌是系列,工资为数值 Y 轴。

(4)完成剩余步骤后,在打印预览视图下可以看到报表效果,如图 5-7 所示。

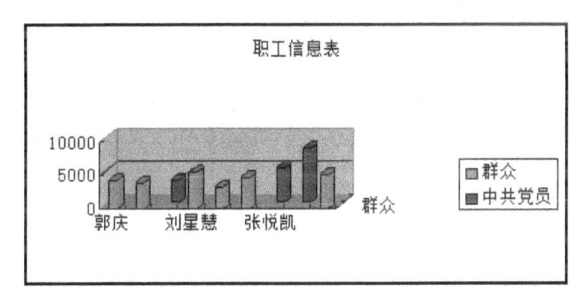

图 5-7 图表报表

【实验任务】

1. 根据资产信息表创建标签报表，要求包括资产编号、资产名称、类别和单价，界面设计美观，标签大小合适。

2. 根据仓库信息表创建图表报表。用仓库名称做分类 X 轴，仓库地点是系列，仓库面积是数据 Y 轴。

3. 根据资产信息表和资产入库表，使用报表设计视图创建"资产入库"报表。打印预览效果如图 5-8 所示。

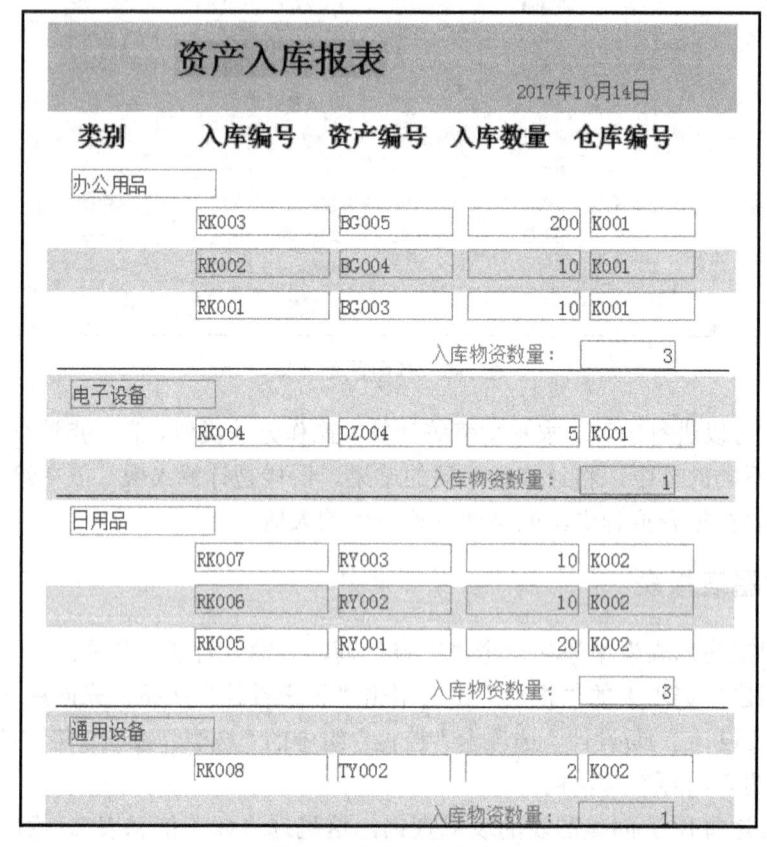

图 5-8　资产入库报表

主要步骤：

(1)单击"创建"选项卡"报表"组中的"报表设计"按钮，先创建一个空白报表。

(2)在空白报表中，根据图 5-9 所示的信息，依次加入所需要的节。

(3)在报表页眉中加入标题和日期，在页面页眉中加入 5 个标签，在类别页眉中加入"类别"字段，在主体节中加入 5 个字段，在类别页脚中加入一个计算文本框和一个标签，在页面页脚中加入页码。

(4)调整各控件的位置和格式。

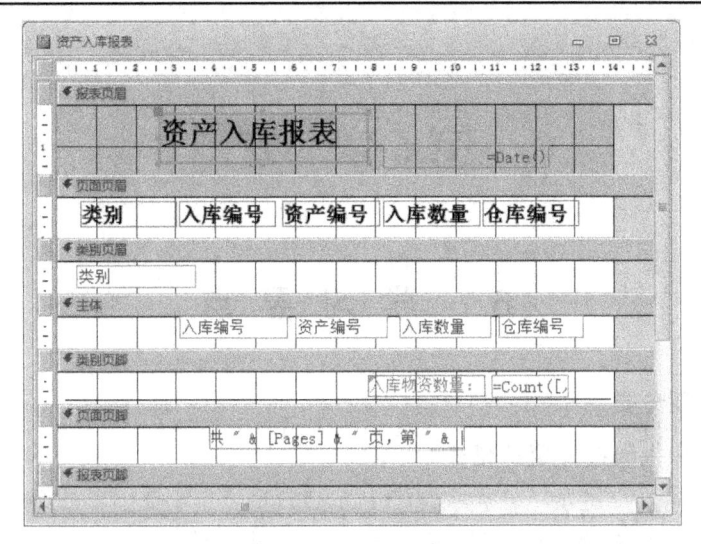

图 5-9 报表设计视图

第 6 章 宏

6.1 学习要点

1. 宏的作用及分类
2. 引用窗体和报表控件值的格式

> Forms!窗体名!控件名.[属性名]
> Reports!报表名!控件名.[属性名]

3. 常用的宏操作

openForm 打开窗体　　　　　　openTable 打开表
openQuery 打开查询　　　　　　runMacro 运行宏
close 关闭某数据库对象　　　　runSql 执行 sql 语句
msgbox 显示消息框　　　　　　quit 退出 Access
setValue 设置某控件属性值　　　GoToRecord 指定当前记录
Maximize 最大化激活窗口　　　 minimize 最小化激活窗口
FindRecord 查找满足给定条件的第一条记录
FindNext 查找满足给定条件的下一条记录

4. 自动运行宏

autoexec 当打开该宏所在的数据库时会执行该宏里面的操作。想要取消自动运行宏，就在打开该数据库时按 Shift 键。

6.2 习 题

一、单项选择题

1. 下面关于宏的叙述中，错误的是(　　)。
   A．宏能够一次完成多个操作　　　B．可以将多个宏组成一个宏组
   C．可以用编程的方法来实现宏　　D．宏命令由动作名和参数组成
2. 下列属于通知或警告用户的命令是(　　)。
   A．OutputTo　　　　　　　　　B．MsgBox
   C．RunWarnings　　　　　　　　D．PrintOut
3. 描述若干个操作的组合的是(　　)。
   A．表　　　　　　　　　　　　　B．查询
   C．窗体　　　　　　　　　　　　D．宏

4. 在 Access 中，自动启动宏的名称是（　　）。
   A．AutoExec   B．Auto
   C．Auto.bat   D．AutoExec.bat
5. 要限制宏命令的操作范围，可以在创建宏时定义（　　）。
   A．宏操作对象   B．宏条件表达式
   C．窗体或报表控件   D．宏操作目标
6. 有关宏操作，以下叙述错误的是（　　）。
   A．宏的条件表达式中不能引用窗体或报表的控件值
   B．所有宏操作都可以转化为相应的模块代码
   C．使用宏可以启动其他应用程序
   D．可以利用宏组来管理相关的一系列宏
7. 在宏的表达式中还可能引用到窗体或报表上控件的值，引用窗体控件的值可以用表达式（　　）。
   A．Forms!窗体名!控件名   B．Forms!控件名
   C．Forms!窗体名   D．窗体名!控件名
8. 由多个操作构成的宏，执行时是按（　　）依次执行的。
   A．排序次序   B．输入顺序
   C．从后往前   D．打开顺序
9. 已知窗体中有一命令按钮，在窗体视图中单击此命令按钮打开另一个窗体，需要执行的宏操作是（　　）。
   A．OpenQuery   B．OpenReport
   C．OpenWindow   D．OpenForm
10. 在一个宏的操作序列中，如果既包含带条件的操作，又包含无条件的操作。则带条件的操作是否执行取决于条件表达式的真假，而没有指定条件的操作则会（　　）。
    A．无条件执行   B．有条件执行
    C．不执行   D．出错

6.3　实　　验

【实验目的】
1. 掌握简单宏的创建与设计；
2. 掌握宏的运行方法；
3. 掌握条件宏的创建与设计；
4. 掌握常用的宏操作；
5. 掌握窗体控件与宏结合使用的方法。

【实验内容】
1. 练习简单宏的设计与应用；

2．练习条件宏的设计与应用；

3．练习窗体与宏结合应用。

【实验步骤】

宏是 Access 执行特定任务的操作或操作集合，其中的每个操作实现特定的功能，是由 Access 本身提供的。宏可以是包含操作序列的一个宏，也可以是由多个宏组成的宏组。使用条件表达式可以决定在某些条件下运行宏，某个操作是否执行。

利用宏可以打开或关闭窗体、报表，运行查询，显示或隐藏工具栏，检索更新特定记录等。宏通常作为窗体控件的事件执行内容。宏包含一定的编程思想，但宏比程序更宏观一些，使用更简单。

1．创建简单宏

单击"创建"选项卡"宏与代码"组中的"宏"按钮，打开如图 6-1 所示操作界面。打开"添加新操作"下拉列表，从中选择要使用的宏操作。还可以通过右侧"操作目录"中的"操作"目录来按类别查询操作。如果需要通过条件来控制宏的运行与否，就要用到"程序流程"中的 if 语句。

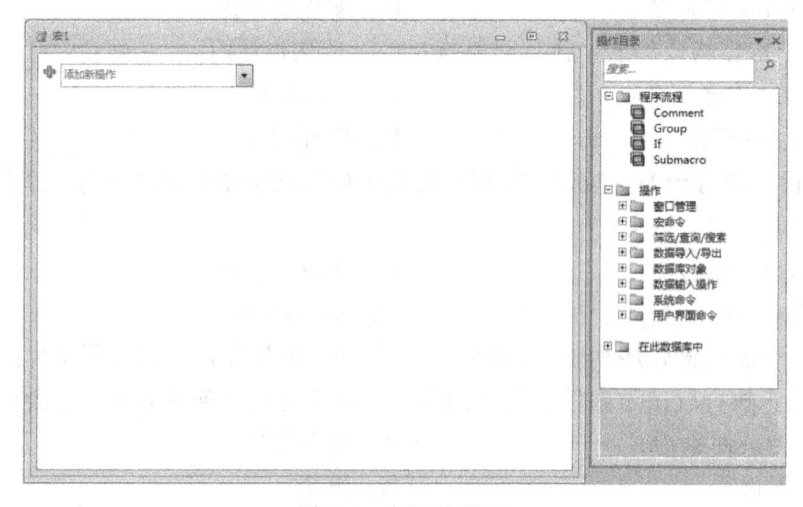

图 6-1 宏操作界面

以打开窗口的宏操作为例，首先在"添加新操作"的列表中选择"OpenForm"，然后在如图 6-2 所示的对话框中设置参数"窗体名称"，同样在其下拉列表中选择"资产信息录入"（这是前面创建好的一个窗体）。其他参数使用默认值。

如果要继续添加更多宏操作，可移至下一行，在"添加新操作"列表中重复上述操作即可。

添加的所有宏操作将按照添加的顺序依次执行。

2．条件宏的设计和应用

在图 6-1 所示操作界面中，双击"程序流程"下面的"If"按钮，打开如图 6-3 所示对话框。在第一行的"If"和"Then"之间输入一个条件表达式，然后在下一行添加宏操作。这个结构表达的意思是：当输入的条件表达式为真时，执行添加的一个或多个宏操作。以

图 6-4 为例，如果"变量[面积]大于 0"这个表达式为真，则给出提示框"可以使用的仓库！"。那么，[面积]小于或等于 0 时，该怎么执行操作呢？

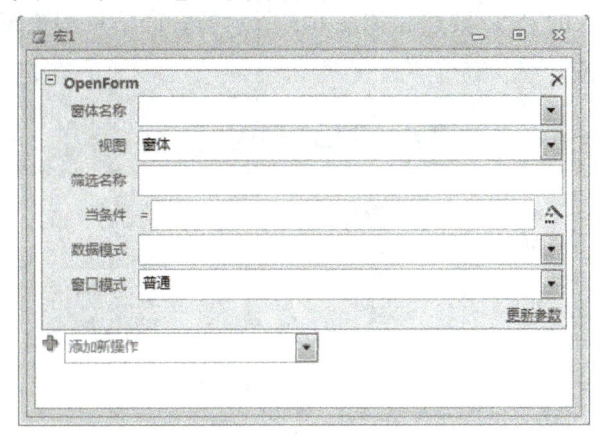

图 6-2　添加宏操作

条件表达式为假时执行操作，需要添加"Else"模块。方法是在图 6-3 所示对话框中单击"添加 Else"按钮，弹出窗口如图 6-4 所示。Else 后面的语句表示，当[面积]小于或等于 0 时，给出"面积太小，无法使用！"的提示信息。

图 6-3　创建条件宏

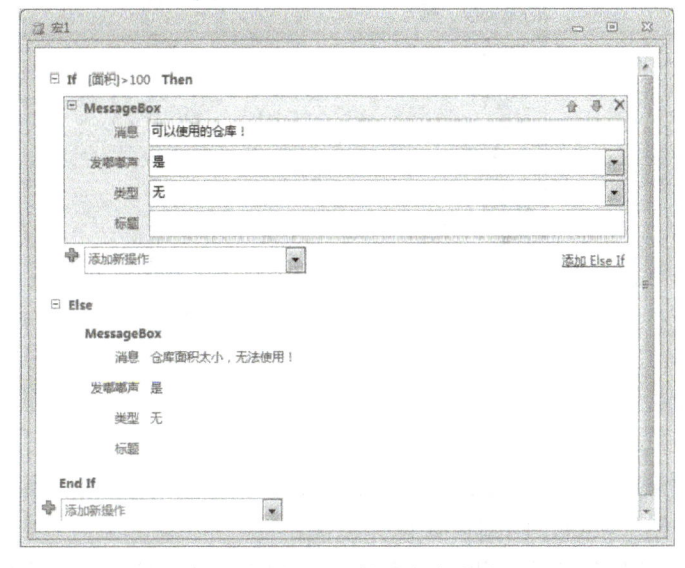

图 6-4　带 Else 模块的条件宏

3. 窗口控件和宏结合使用

与宏结合使用的控件通常是命令按钮，简单讲，就是在命令按钮的属性表中，将"单击"事件定义为"嵌入的宏"。要建立如图 6-5 所示的资产信息浏览窗体，步骤如下。

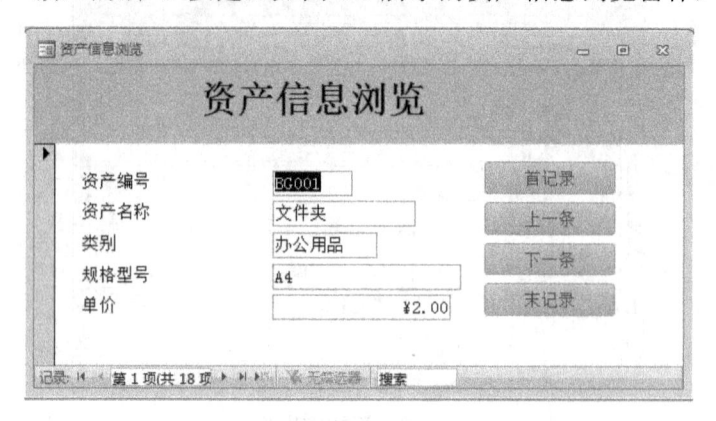

图 6-5 命令按钮与宏结合使用示例

(1) 使用窗体建立一个纵栏式窗体，调整好各控件的格式和位置。然后在主体右侧添加 4 个命令按钮，当出现"命令按钮向导"对话框时，直接单击"取消"按钮即可。将 4 个按钮上显示的文本修改为图示文字。

(2) 双击"首记录"按钮，打开如图 6-6 所示"属性表"，在"事件"选项卡中找到"单击"事件，单击其右侧的"生成器"按钮，在打开的"选择生成器"对话框中选择"宏生成器"，单击"确定"按钮将打开"宏设计器"。

图 6-6 命令按钮属性表

(3) 在"宏设计器"中添加"GoToRecord"操作，其他参数设置如图 6-7 所示。依次单击"保存"和"关闭"按钮，回到窗体设计视图。

(4) 对其他 3 个按钮执行类似操作，参数设置如图 6-8、图 6-9 和图 6-10 所示。

第 6 章 宏

(5) 保存窗体，在窗体视图中单击各个按钮查看结果。

图 6-7 为"首记录"按钮添加操作

图 6-8 为"上一条"按钮添加操作

图 6-9 为"下一条"按钮添加操作

图 6-10 为"末记录"按钮添加操作

4．常用宏操作

（1）ApplyFilter：在表、窗体或报表中应用筛选、查询子句可限制或排序来自其他的记录。

（2）Close：关闭指定的 Microsoft Access 窗口。如果没有指定窗口，则关闭活动窗口。

（3）FindRecord：查找符合指定条件的数据。找到指定数据时，Access 会在记录中选中该数据。

（4）Maximize：放大活动窗口，使其充满 Microsoft Access 窗口。

（5）Minimize：将活动窗口缩小为 Microsoft Access 窗口底部的小标题栏。

（6）MsgBox：显示包含警告信息或其他信息的消息框。

（7）OpenForm：打开一个窗体，并通过选择窗体的数据输入与窗口方式，来限制窗体所显示的记录。

（8）OpenReport：在"设计"视图或打印预览中打开报表或立即打印报表。也可以限制需要在报表中打印的记录。

（9）Openquery：打开一个查询。

（10）Quit：退出 Microsoft Access。Quit 操作还可以指定在退出 Access 之前是否保存数据库对象。

（11）Setvalue：对 Microsoft Access 窗体、窗体数据表或报表上的字段、控件或属性的值进行设置。

（12）StopMacro：停止当前正在运行的宏。

（13）FindNext、FindRecord、Gotocontrol、Gotopage、GotoRecord：在数据中移动。

【实验任务】

1．创建一个宏，其功能是：打开职工信息表，查找名叫"王益志"的职工信息。提示：依次使用 OpenTable 和 FindRecord 宏。

2．创建一个"登录"窗体，运行效果如图 6-11 所示。

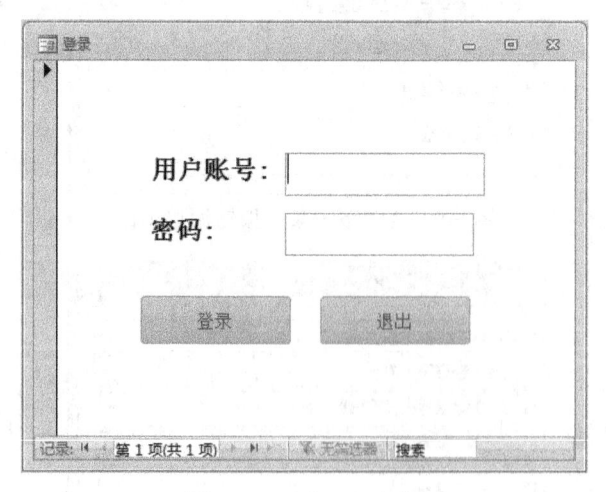

图 6-11 "登录"窗体

主要步骤如下：

（1）使用窗体设计器设计如图 6-11 所示的窗体外观，其中，"用户账号"文本框的名称

第6章 宏

属性须设置为"用户账号","密码"文本框的名称属性须设置为"密码","输入掩码"属性设置为"密码"。

(2) 在"登录"按钮的"属性表"中,将"单击"事件设置为"宏生成器"。并在"宏设计器"中添加"if"操作,在条件框中输入:[用户账号]="admin" and [密码]="admin"。

(3) 添加"OpenForm"操作,要打开的窗体是"资产信息浏览"。

(4) 添加"Else"操作,分别检查用户名和密码的错误。运行效果如图6-12、图6-13所示。

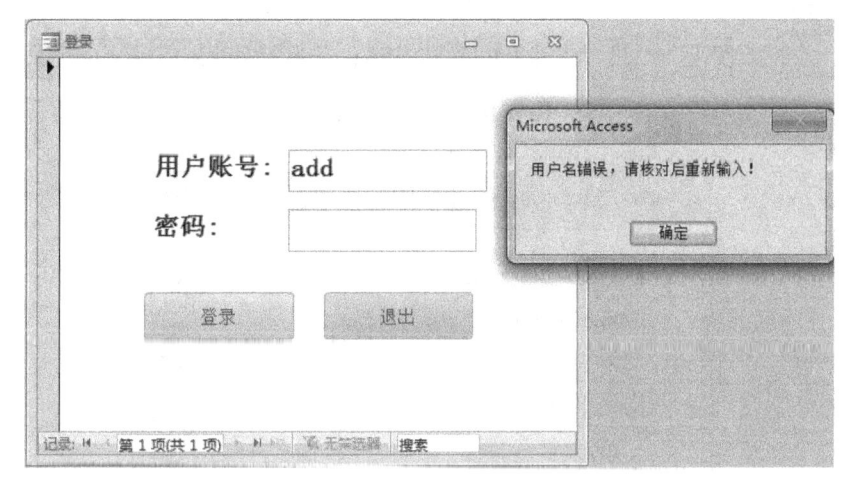

图6-12 用户名错误时的处理

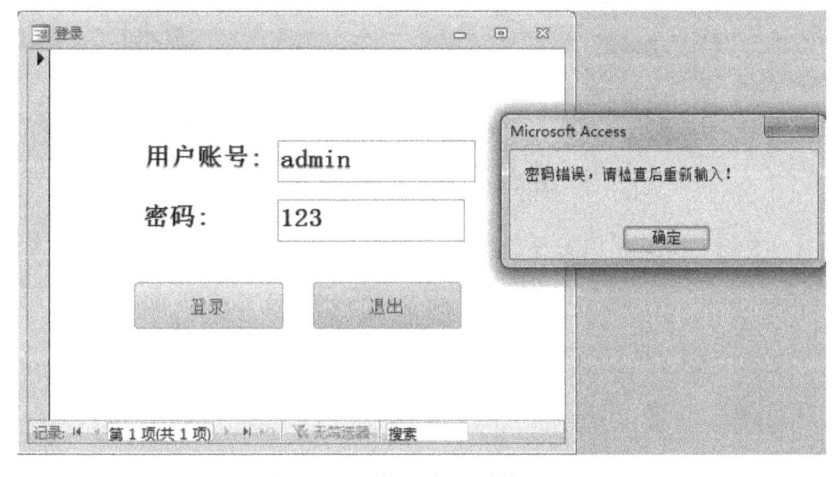

图6-13 密码错误时的处理

(5) 给"退出"按钮添加"CloseWindow"操作。单击"保存"按钮保存宏,然后关闭宏。

(6) 回到窗体设计视图,保存窗体。在窗体视图中输入用户名和密码,查看结果。

3. 创建一个报表预览窗体,在组合框中选择要查看打印预览效果的报表名,单击"预览效果"按钮就可打开报表的预览效果,如图6-14所示。

图6-15给出了命令按钮的部分宏操作,其他两个请读者自行完成。

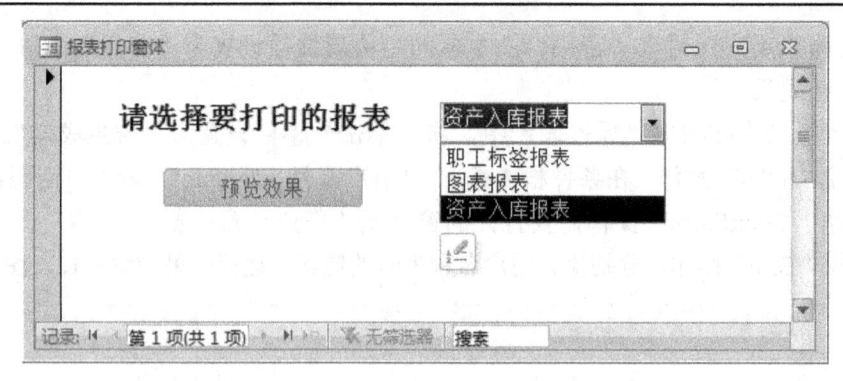

图 6-14 报表预览窗体

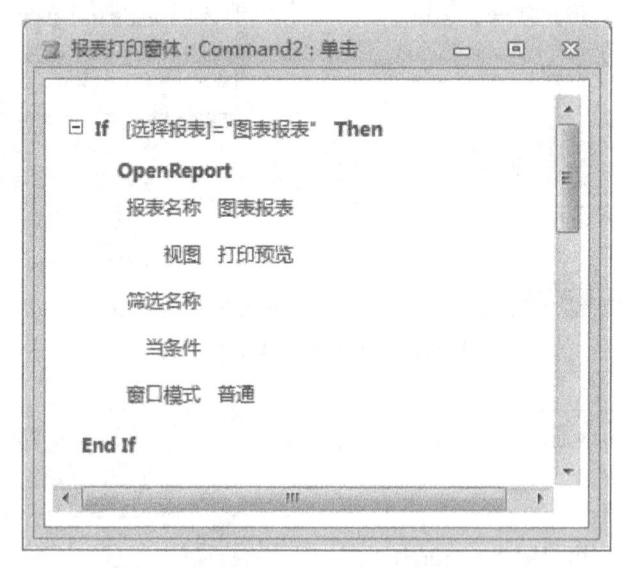

图 6-15 报表预览宏操作

第 7 章 模块与 VBA 程序设计

7.1 学习要点

1. 模块的基本概念
(1) 类模块。
(2) 标准模块。
(3) 将宏转换为模块。

2. 创建模块
(1) 创建 VBA 模块：在模块中加入过程，在模块中执行宏。
(2) 编写事件过程：键盘事件，鼠标事件，窗口事件，操作事件和其他事件。

3. 调用和参数传递
(1) 按值传递。
(2) 按引用传递。

4. VBA 程序设计基础
(1) 面向对象设计的基本概念。
(2) VBA 编程环境。
(3) VBA 编程基础：常量，变量，表达式。
(4) VBA 程序流程控制：顺序控制，选择控制，循环控制。
(5) VBA 程序的调试方式。

7.2 习 题

一、选择题

1. 模块是存储代码的容器，其中窗体就是一种（　　）。
   A. 类模块　　　　　　　　　　B. 标准模块
   C. 子过程　　　　　　　　　　D. 函数过程
2. 使用 Dim 声明变量，若省略"As 类型"，则所创建的变量默认为（　　）。
   A. Integer　　　　　　　　　　B. String
   C. Variant　　　　　　　　　　D. 不合法变量
3. 函数 Len("Access 数据库")的值是（　　）。
   A. 9　　　　　　　　　　　　 B. 12
   C. 15　　　　　　　　　　　　D. 18

4. 函数 Right(Left(Mid("Access_DataBase",10,3),2),1)的值是（　　）。
   A. a　　　　　　　　　　　　　B. B
   C. t　　　　　　　　　　　　　D. 空格
5. 在下列逻辑表达式中，能正确表示条件"m 和 n 至少有一个为偶数"的是（　　）。
   A. m Mod 2 = 1 Or n Mod 2 = 1　　B. m Mod 2 = 1 And n Mod 2 = 1
   C. m Mod 2 = 0 Or n Mod 2 = 0　　D. m Mod 2 = 0 And n Mod 2 = 0
6. 语句 Select Case x 中，x 为一整型变量，下列 Case 语句中，表达式错误的是（　　）。
   A. Case Is > 20　　　　　　　　B. Case 1 To 10
   C. Case 2, 4, 6　　　　　　　　D. Case x > 10
7. Sub 过程和 Function 过程最根本的区别是（　　）。
   A. Sub 过程的过程名不能返回值，而 Function 过程能通过过程名返回值
   B. Sub 过程可以使用 Call 语句或直接便用过程名，而 Function 过程不能
   C. 两种过程参数的传递方式不同
   D. Function 过程可以有参数，Sub 过程不能有参数
8. VBA 中用实参 x 和 y 调用有参过程 PPSum(a, b)的正确形式是（　　）。
   A. PPSum a, b　　　　　　　　B. PPSum x, y
   C. Call PPSum(a, b)　　　　　　D. Call PPSum x, y
9. 在 VBE 的立即窗口输入如下命令，输出结果是（　　）。

```
x=4=5
? x
```

   A. True　　　　　　　　　　　B. False
   C. 4=5　　　　　　　　　　　D. 语句有错
10. 程序调试的目的在于（　　）。
    A. 验证程序代码的正确性　　　　B. 执行程序代码
    C. 查看程序代码的变量　　　　　D. 查找和解决程序代码的错误

二、填空题
1. 在 VBA 中，要得到[15, 75]区间的随机整数，可以用表达式_____。
2. 定义了二维数组 A(2 to 5, 5)，则该数组的元素个数为_____。
3. VBA 中变量作用域分为 3 个层次，这 3 个层次的变量是_____、_____和_____。
4. VBA 的有参过程定义，形参用_____说明，表明该形参为传值调用；形参用 ByRef 说明，表明该形参为_____。
5. 有如下 VBA 代码，运行结束后，变量 n 的值是_____，变量 i 的值是_____。

```
n=0
For i=1 To 3
    For j=-4 To -1
        n=n+1
```

```
            Next j
        Next i
```

6. 设有以下窗体单击事件过程。

```
    Private Sub Form_Click()
        a=1
        For i=1 To 3
        Select Case i
        Case 1,3
            a=a+1
        Casw 2,4
            a=a+2
        End Select
        Next i
        MsgBox a
    End Sub
```

打开窗体运行后，单击窗体，则消息框的输出内容是_____。

7. 进行 ADO 数据库编程时，用来指向查询数据时返回的记录集对象是_____。

8. RecordSet 对象有两个属性用来判断记录集的边界，其中，判断记录指针是否在最后一条记录之后的属性是_____。

三、问答题

1. 在 Access 中，既然已经提供了宏操作，为什么还要使用 VBA？
2. 什么是类模块和标准模块？它们的特征是什么？
3. 什么是形参和实参？过程中参数的传递有哪几种？它们之间有什么不同？
4. 编写程序，要求输入一个 3 位整数，将它反向输出。例如，输入 123，输出 321，如图 7-1 所示。

图 7-1 VBA 程序设计示例

5. 利用 IF 语句求 3 个数 X、Y、Z 中的最大数，并将其放入 MAX 变量中。
6. 使用 Select Case 结构将一年中的 12 个月份，分成 4 个季节输出。
7. 求 100 以内的素数。
8. 利用 ADO 对象，对"教学管理"数据库的"课程"表完成以下操作。
(1) 添加一条记录："Z0004"，"数据结构"，"必修"，1。
(2) 查找课程名为"数据结构"的记录，并将其学分更新为 3。
(3) 删除课程号为"Z0004"的记录。

四、VBA 程序设计专项训练

下列窗体中有 4 个文本框和 4 个命令按钮，其名称分别为 TEXT1、TEXT2、TEXT3、TEXT4 和 Command1、Command2、Command3、Command4，如图 7-2 所示。

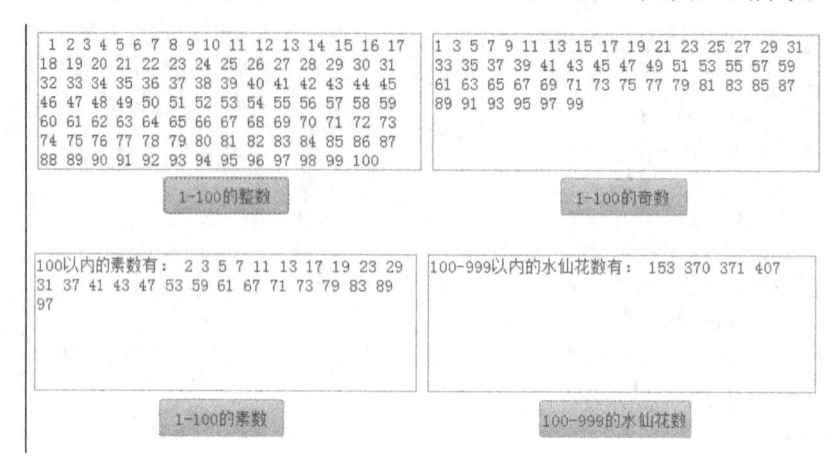

图 7-2 命令按钮图示

1. 命令按钮 Command1 的功能为输出 1~100 之间所有整数，其 Click() 事件代码如下：

```
Private Sub Command1_Click()
    For i = 1 To 100 Step 1
        x = x & " " & i
    Next i
    Text1.Value = x
End Sub
```

将以下代码填充完整，以实现相同的功能。

```
Private Sub Command0_Click()
    x = 1
    r = ""
    Do While _____
        r = r & " " & x
        x = _____
    Loop
    Text1.Value = r
End Sub
```

2. 命令按钮 Command2 的功能为输出 1~100 之间所有奇数，其 Click() 事件代码如下：

```
Private Sub Command2_Click()
    x = "1"
    For i = 3 To 99 Step 2
        x = x & " " & i
    Next i
    Text2.Value = x
End Sub
```

将以下代码填充完整，以实现相同的功能。

```
Private Sub Command2_Click()
    x = 1
    r = ""
    Do While x <= 100
        If _____ Then
        r = r & " " & x
        End If
        x = x + 1
    _____
    Text2.Value = r
End Sub
```

3. 命令按钮 Command3 的功能为输出 1～100 之间所有素数，其 Click() 事件代码如下，请填空以完成相应功能。

```
Private Sub Command3_Click()
  x = "100 以内的素数有："
  For i = 2 To 100
    For j = 2 To i -1
      If _____ Then
        Exit For
      End If
    Next j
    If j = i Then
      x = x & " " & i
    End If
  Next i
  Text3.Value = x
End Sub
```

4. 命令按钮 Command4 的功能为输出 100～999 之间所有水仙花数，其 Click() 事件代码如下，请填空以完成相应的功能。

注：水仙花数指 3 位整数中，其值等于各位数立方之和，如 3 位数 153=1^3+5^3+3^3。

```
Private Sub Command4_Click()
  x = "100-999 以内的水仙花数有："
  For i = 100 To 999
    If i = _____ Then
      x = x & " " & i
    End If
  _____
  Text4.Value = x
End Sub
```

5. 用窗体完成计算 100 以内正整数的和，窗体如图 7-3 所示。

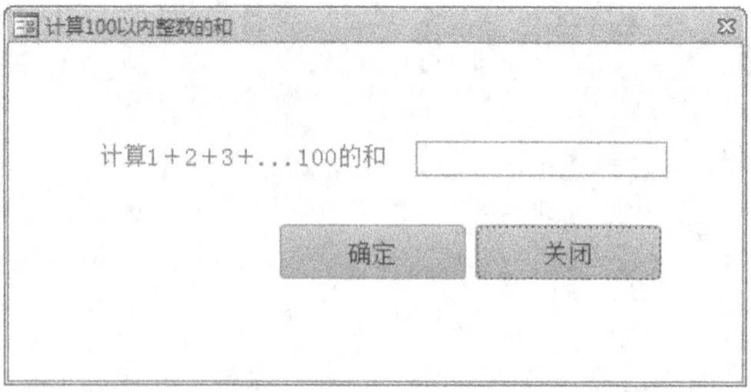

图 7-3 "计算 100 以内整数的和"窗体

其中文本框的名称为 TEXT1，"确定"和"关闭"按钮的名称分别为 Command1 和 Command0，Command0 的 click() 事件为

```
Private Sub Command0_Click()
    DoCmd.Close acForm, "计算 100 以内整数的和"
End Sub
```

请为 Command1 的 click() 事件添加代码，完成相应的功能。

```
Private Sub Command1_Click()
    Dim s As Integer
    Dim i As Integer
    s = 0
    For i = _____ To _____ Step _____
        _____
    Next i
    Text1.SetFocus
    Text1.Value = s
End Sub
```

或

```
Private Sub Command1_Click()
    Dim s As Integer
    Dim i As Integer
    s = 0
    i = 1
    Do while _____
        _____
        _____
    loop
    Text1.SetFocus
    Text1.Value = s
End Sub
```

程序扩展：编程计算 1+2+3+…+N 的值，其程序界面如图 7-4 所示。

图 7-4 程序界面

"计算"命令按钮的 click() 事件代码如下：

```
Private Sub Command10_____Click()
    Dim i As Integer
    Dim s As Integer
    Text3.SetFocus
    If Trim(Text3.Text)= Space(0) Then
        MsgBox "请输入 N 的值！", vbOKOnly
        Exit Sub
    Else If  Val(Text3.Text)< 1  Then
        MsgBox "请输入大于 1 的正整数！", vbOKOnly
        Exit Sub
        End if
    End If
    s = 0
    For i = 1 To Val(Text3.Value) Step 1
        s = s + i
    Next i
    Text8.SetFocus
    Text8.Value = s
End Sub
```

6. 如图 7-5 所示，下列窗体主要完成比较用户输入数的大小，请完成填空以实现相应的功能。

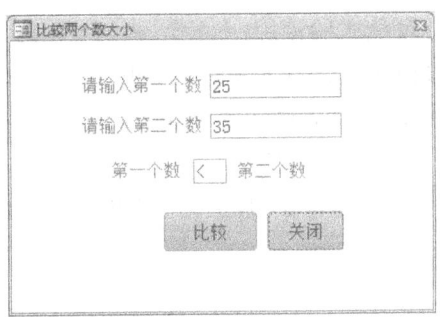

图 7-5 "比较两个数大小"窗体

```
Private Sub 比较_____Click()
    Dim a, b As Single
```

```
        Dim s As String
        If IsNull(Trim(Text1.Value)) Or IsNull(Trim(Text2.Value)) Then
            MsgBox "请输入要比较的两个数："
            Text1.SetFocus
            Exit Sub
        Else
            a = Val(Text1.Value)
            b = Val(Text2.Value)
            Text3.Value = _____
        End If
    End Sub

    Private Sub 关闭_Click()
        DoCmd.Close _____
    End Sub
```

7.3 实　　验

实验　模块与 VBA 程序设计

一、实验目的

1. 掌握建立标准模块及窗体模块的方法；
2. 熟悉 VBA 开发环境及数据类型；
3. 掌握常量、变量、函数及其表达式的用法；
4. 掌握程序设计的顺序结构、分支结构、循环结构；
5. 了解 VBA 的过程及参数传递；
6. 掌握变量的定义方法、不同的作用域和生存期；
7. 了解数据库的访问技术。

二、实验内容及要求

1. 创建标准模块与窗体模块；
2. 常量、变量、函数及表达式的使用；
3. 数据类型，输入、输出函数，以及程序的顺序结构；
4. 选择结构 If 语句及 Select Case 语句的使用；
5. Do While 循环、For 循环语句的使用；
6. VBA 过程、过程的参数传递、变量的作用域和生存期；
7. VBA 数据库的访问。

三、实验步骤

案例一：创建标准模块和窗体模块

1. 在"教学管理.accdb"数据库中创建一个标准模块"M1"，并添加过程"P1"。
操作步骤：

第 7 章 模块与 VBA 程序设计

(1) 打开"教学管理.accdb"数据库,选择"创建"选项卡——"宏与代码"组——单击"模块"按钮,打开 VBA 窗口,选择"插入"过程——弹出过程对话框,如图 7-6、图 7-7、图 7-8 所示。

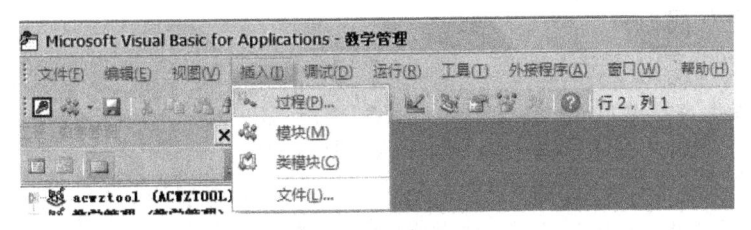

图 7-6 VBA 菜单栏及插入菜单的下拉菜单

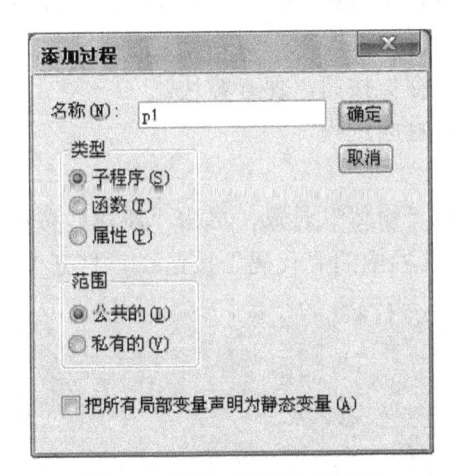

图 7-7 "添加过程"对话框

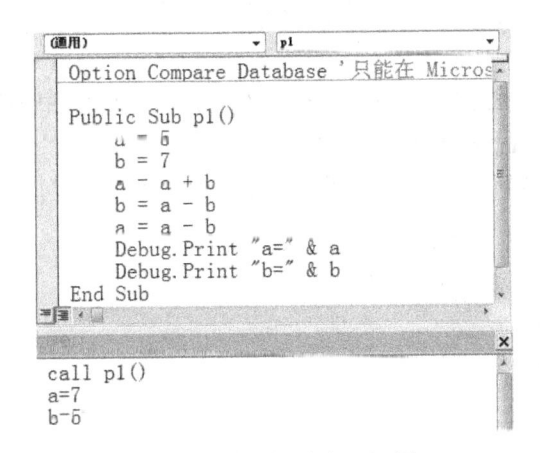

图 7-8 过程的建立及调用

(2) 在代码窗口中输入一个名称为"P1"的子过程,如图 7-3 所示。单击"视图"→"立即窗口"菜单命令,打开立即窗口,在立即窗口中输入"Call P1( )",并按回车键,或单击工具栏中的"运行子过程/用户窗体"按钮,查看运行结果。

(3) 单击工具栏中的"保存"按钮,输入模块名称"M1",保存模块。单击工具栏中的"视图 Microsoft office Access"按钮,返回 Access。

2. 为模块"M1"添加一个子过程"P2"。

操作步骤：

(1)在数据库窗口中，选择"模块"对象，再双击"M1"，打开 VBA 窗口。

(2)输入以下代码：

```
Sub P2()
Dim name As String
name = InputBox("请输入姓名", "输入")
MsgBox "欢迎您" & name
End Sub
```

(3)单击工具栏中的"运行子过程/用户窗体"按钮，运行 P2，输入自己的姓名，查看运行结果。

(4)单击工具栏中的"保存"按钮，保存模块。

3. 创建窗体模块和事件响应过程

操作步骤：

(1)在数据库窗口中，选"窗体"对象，单击"新建"按钮，选择"设计视图"，打开窗体的设计视图，再单击工具栏中的"代码"按钮，打开 VBA 窗口，输入以下代码。

```
Private Sub Form_Click()
Dim Str As String, k As Integer
Str = "ab"
For k = Len(Str) To 1 Step -1
Str = Str & Chr(Asc(Mid(Str, k, 1))+k)
Next k
MsgBox Str
End Sub
```

(2)单击"保存"按钮，将窗体保存为"Form7_1"，单击工具栏中的"视图 Microsoft office Access"按钮，返回到窗体的设计视图中。

(3)选择"视图"→"窗体视图"菜单命令，单击窗体，消息框里显示的结果是_____。

案例二：Access 常量、变量、函数及表达式

要求：通过立即窗口完成以下各题。

1. 填写命令的结果

```
?7\2                        结果为_____
?7 mod 2                    结果为_____
?5/2<=10                    结果为_____
?#2012-03-05#               结果为_____
?"VBA"&"程序设计基础"        结果为_____
?"Access"+"数据库"           结果为_____
?"x+y="&3+4                 结果为_____

a1=#2009-08-01#
a2=a1+35
```

第 7 章 模块与 VBA 程序设计

| ?a2 | 结果为＿＿＿＿ |
| ?a1-4 | 结果为＿＿＿＿ |

2. 数值处理函数

在立即窗口中输入命令	结　果	功　能
?int(-3.25)		
?sqr(9)		
?sgn(-5)		
?fix(15.235)		
?round(15.3451,2)		
?abs(-5)		

3. 常用字符函数

在立即窗口中输入命令	结　果	功　能
?InStr("ABCD","CD")		
c="ShanDong University"		
?Mid(c,4,3)		
?Left(c,7)		
?Right(c,10)		
?Len(c)		
d="　BA　"		
?"V"+Trim(d)+"程序"		
?"V"+Ltrim(d)+"程序"		
?"V"+Rtrim(d)+"程序"		
?"1"+Space(4)+"2"		

4. 日期与时间函数

在立即窗口中输入命令	结　果	功　能
?Date()		
?Time()		
?Year(Date())		

5. 类型转换函数

在立即窗口中输入命令	结　果	功　能
?Asc("BC")		
?Chr(67)		
?Str(100101)		
?Val("2010.6")		

案例三：VBA 流程控制

1. 顺序控制与输入输出

要求：输入圆的半径，显示圆的面积。

操作步骤：

(1)在数据库窗口中，选择"模块"对象，单击"新建"按钮，打开 VBE 窗口。

(2)在代码窗口中输入"Area"子过程，过程 Area 代码如下：

```
Sub Area()
Dim r As Single
Dim s As Single
r = InputBox("请输入圆的半径:","输入")
s = 3.14 * r * r
MsgBox "半径为: " + Str(r)+ "时的圆面积是: " + Str(s)
End Sub
```

(3)运行过程 Area，在输入框中，如果输入半径为 1，则输出的结果为_____。

(4)单击工具栏中的"保存"按钮，输入模块名称为"M2"，保存模块。

2．选择控制

(1)要求：编写一个过程，从键盘上输入一个数 X，如果 $X \geqslant 0$，输出它的算术平方根；如果 $X<0$，输出它的平方值。

操作步骤：

①在数据库窗口中，双击模块"M2"，打开 VBE 窗口。

②在代码窗口中添加"Prm1"子过程，过程 Prm1 代码如下：

```
Sub Prm1()
Dim x As Single
x = InputBox("请输入 X 的值", "输入")
If x >= 0 Then
   y = Sqr(x)
Else
   y = x * x
End If
MsgBox "x=" + Str(x)+ "时 y=" + Str(y)
End Sub
```

③运行 Prm1 过程，如果在"请输入 X 的值："中输入：4(回车)，则结果为_____。

④单击工具栏中的"保存"按钮，保存模块 M2。

(2)要求：使用选择结构程序设计方法，编写一个子过程，从键盘上输入成绩 $X(0 \sim 100)$，如果 X>=85 且 $X \leqslant 100$，输出"优秀"；如果 $X \geqslant 70$ 且 $X<85$，输出"通过"；如果 $X \geqslant 60$ 且 $X<70$，输出"及格"；如果 $X<60$，输出"不及格"。

操作步骤：双击模块"M2"，进入 VBE，添加子过程"Prm2"代码如下：

```
Sub Prm2()
num1= InputBox("请输入成绩 0~100")
If num1 >= 85 Then
   result = "优秀"
ElseIf num1 >= 70 Then
   result = "通过"
ElseIf num1 >= 60 Then
   result = "及格"
Else
   result = "不及格"
End If
```

```
    MsgBox result
    End Sub
```

反复运行过程 Prm2，输入各个分数段的值，查看运行结果，如果输入的值为 85，则输出结果是_____。最后保存模块 M2。

(3)要求：使用选择结构程序设计方法，编写一个子过程，从键盘上输入一个字符，判断输入的是大写字母、小写字母、数字还是其他特殊字符。

操作步骤：双击模块"M2"，进入 VBE 窗口，添加子过程"Prm3"，代码如下：

```
Public Sub prm3()
  Dim x As String
  Dim Result as String
  x = InputBox("请输入一个字符")
Select Case Asc(x)
   Case 97 To 122
      Result= "小写字母"
   Case 65 To 90
      Result= "大写字母"
   Case 48 To 57
      Result= "数字"
Case Else
      Result= "其他特殊字符"
 End Select
 Msgbox Result
End sub
```

反复运行过程 Prm3，分别输入大写字母、小写字母、数字和其他符号，查看运行结果。如果输入的是"A"，则运行结果为_____。如果输入的是"!"，则运行结果为_____。最后保存模块 M2。

3．循环控制

(1)要求：求前 100 个自然数的和。

操作步骤：双击模块"M2"，进入 VBE 窗口，输入并补充完整子过程"Prm4"的代码，运行该过程，最后保存模块 M2。

过程 Prm4()代码如下：

```
Sub Prm4()
I = 0
Do While _____
I = I + 1
s = _____
Loop
MsgBox s
End Sub
```

(2)要求：计算 100 以内的偶数的平方根的和，要使用 Exit Do 语句控制循环。

操作步骤：双击模块"M2"，进入 VBE 窗口，输入并补充完整子过程"Prm5"代码，运行该过程，最后保存模块 M2。

Prm5()过程代码如下:

```
Sub Prm5()
Dim x As Integer
Dim s As Single
x = 0
s = 0
Do While True
   x = x + 1
   If x > 100 Then
     Exit Do
   End If
   If _____ Then
     s = s + Sqr(x)
   End If
Loop
MsgBox s
End Sub
```

(3)要求:对输入的 10 个整数,分别统计有几个是奇数,有几个是偶数。

操作步骤:双击模块"M2",进入 VBE 窗口,输入并补充完整子过程"Prm6"代码,运行该过程,最后保存模块 M2。

Prm6()过程代码如下:

```
Sub Prm6()
   Dim num As Integer
   Dim a As Integer
   Dim b As Integer
   Dim i As Integer
   For i= 1 To 10
      num = InputBox("请输入数据:", "输入",1)
      If _____ Then
        a = a + 1
      Else
        b = b + 1
      End If
   Next i
   MsgBox("运行结果:a=" & Str(a)&",b=" & Str(b))
End Sub
```

(4)要求:在模块"M2"中添加子过程"Prm7",并运行,消息框中输出结果是_____。

操作步骤:双击模块"M2",进入 VBE,添加过程 Prm7 代码,并运行。最后保存模块 M2。

过程 Prm7 代码如下:

```
Sub Prm7()
   Dim a(10), p(3)As Integer
   k = 5
```

```
    For i = 1 To 10
       a(i)= i * i
    Next i
    For i = 1 To 3
       p(i)= a(i * i)
    Next i
    For i = 1 To 3
       k = k + p(i)* 2
    Next i
    MsgBox k
End Sub
```

案例四：程序流程控制的综合应用

1. 要求：求参赛者的最后得分。

说明：某次大奖赛有 7 个评委同时为一位选手打分，去掉一个最高分和一个最低分，其余 5 个分数的平均值为该名参赛者的最后得分。

操作步骤：

(1)新建窗体，进入窗体的设计视图。

(2)在窗体的主体节中添加一个命令按钮，在属性窗口中将命令按钮"名称"属性设置为"CmdScore"，"标题"属性设置为"最后得分"，单击"代码"按钮，进入 VBE 窗口。

(3)输入并补充完整以下事件过程代码：

Private Sub CmdScore_Click()

```
        Dim mark!, aver!, i%, max1!, min1!
        aver = 0
        For i =1 To 7
           mark = InputBox("请输入第" & i & "位评委的打分")
           If i = 1 Then
              max1 = mark : min1 = mark
           Else
            If mark < min1 Then
               min1 = mark
            ElseIf mark > max1 Then
               _____
            End If
           End If
           _____
        Next i
        aver = (aver -max1 -min1)/5
        MsgBox aver
    End Sub
```

(4)保存窗体，窗体名称为"Form7_2"，切换至窗体视图，单击"最后得分"按钮，查看程序运行结果。

2."秒表"窗体设计

"秒表"窗体中有两个按钮（"开始/停止"按钮 bOK，"暂停/继续"按钮 bPus）；一个显示计时的标签 lNum；窗体的"计时器间隔"设为 100，计时精度为 0.1 秒。

要求：打开窗体，如图 7-9 所示。第一次单击"开始/停止"按钮，从 0 开始滚动显示计时，如图 7-10 所示；10 秒时单击"暂停/继续"按钮，显示暂停，如图 7-11 所示，但计时还在继续；若 20 秒后再次单击"暂停/继续"按钮，计时会从 30 秒开始继续滚动显示；第二次单击"开始/停止"按钮，计时停止，显示最终时间，如图 7-12 所示。若再次单击"开始/停止"按钮，可重新从 0 开始计时。

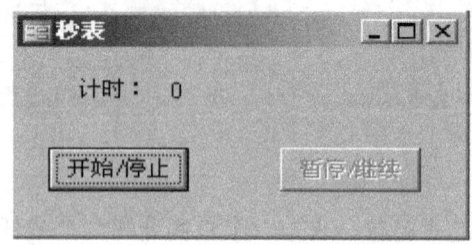

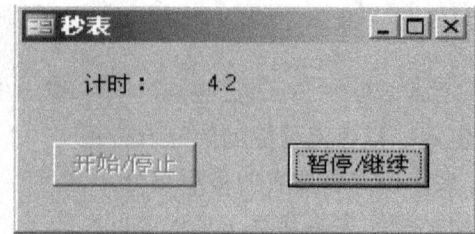

图 7-9 "秒表"窗体设计结果   图 7-10 开始计时的"秒表"窗体

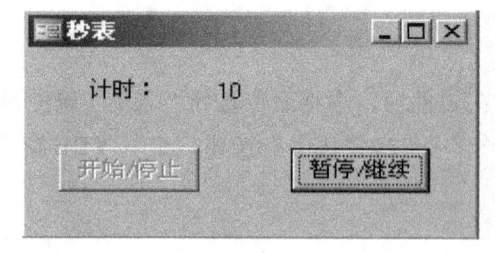

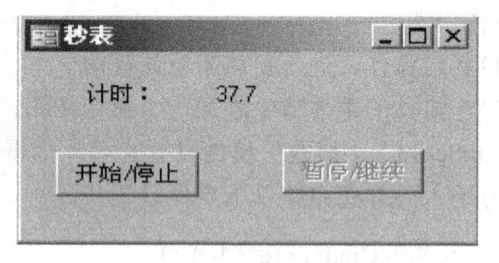

图 7-11 暂停后的"秒表"窗体   图 7-12 暂停后继续的"秒表"窗体

操作步骤：

(1) 新建窗体，在窗体主体节区上添加两个命令按钮和一个标签控件。

(2) 单击工具栏中的"属性"按钮，打开属性窗口，将第一个命令按钮的"名称"属性设置为"bOk"，"标题"属性设置为"开始/停止"；将第二个按钮的"名称"属性设置为"bPus"，"标题"属性设置为"暂停/继续"；将标签的"名称"属性设置为"lNum"，"标题"属性设置为"计时："；将窗体对象的"计时器时间间隔"属性设置为 100，"标题"属性设置为"秒表"，将"导航按钮"属性设置为"否"，"记录选择器"属性设置为"否"。

(3) 单击"代码"按钮，进入 VBE 窗口，输入并补充完整以下代码。

```
Option Compare Database
Dim flag, pause As Boolean
Private Sub bOK_____Click()
  flag = _____
  Me!bOK.Enabled = True
  Me!bPus.Enabled = flag
End Sub
Private Sub bpus_____Click()
  pause = Not pause
  Me!bOK.Enabled = Not Me!bOK.Enabled
End Sub
```

```
Private Sub Form_____Open(Cancel As Integer)
  flag = False
  pause = False
  Me!bOK.Enabled = True
  Me!bPus.Enabled = False
End Sub
Private Sub Form_____Timer()
  Static count As Single
  If flag = True Then
    If pause = False Then
      Me!lNum.Caption = "计时: " + Str(Round(count, 1))
    End If
      count = _____
    Else
      count = 0
    End If
End Sub
```

(4)切换至窗体视图,单击"开始/停止"按钮、"暂停/继续"按钮观察程序的运行结果,最后保存窗体,窗体名称为"Form7_3"。

案例五:VBA 过程、过程参数传递、变量的作用域和生存期

1. 子过程与函数过程

(1)要求:编写一个求 n!的子过程,然后调用它计算 $\sum_{n=1}^{10} n!$ 的值。

操作步骤:

新建一个标准模块"M3",打开 VBE 窗口,输入以下子过程代码。

```
Sub Factor1(n As Integer, p As Long)
  Dim i As Integer
  p = 1
  For i = 1 To n
    p = p * i
  Next i
End Sub
Sub Mysum1()
Dim n As Integer, p As Long, s As Long
For n = 1 To 10
Call Factor1(n, p)
s=s+p
Next n
Msgbox "结果为:" & s
End Sub
```

运行过程 Mysum1,保存模块 M3。

(2)要求:编写一个求 n!的函数的程序,然后调用它计算 $\sum_{n=1}^{10} n!$ 的值操作步骤：双击标准模块"M3"，打开 VBE 窗口，输入以下代码：

```
Function Factor2(n As Integer)
Dim i As Integer, p As Long
p = 1
For i = 1 To n
  p = p * i
Next i
Factor2 = p
End Function
```

修改 Mysum1() 过程，代码如下：

```
Sub Mysum1()
Dim n As Integer, s As Long
For n = 1 To 10
  s = s + Factor2(n)
Next n
MsgBox "结果为:" & s
End Sub
```

运行过程 Mysum1，理解函数过程与子过程的差别，最后保存模块 M3。

2．过程参数传递、变量的作用域和生存期

(1)要求：阅读下面的程序代码，理解过程中参数传递的方法。

操作步骤：双击标准模块"M3"，打开 VBA 窗口，输入以下程序代码：

```
Sub Mysum2()
Dim x As Integer, y As Integer
x = 10
y = 20
Debug.Print "1,x="; x, "y="; y
Call add(x, y)
Debug.Print "2,x="; x, "y="; y
End Sub
Private Sub Add(ByVal m, n)
m = 100
n = 200
m = m + n
n = 2 * n + m
End Sub
```

运行 Mysum2 过程，单击"视图"→"立即窗口"菜单命令，打开立即窗口，查看程序的运行结果。运行结果为_____。

(2)要求：阅读下面的程序代码，理解参数传递、变量的作用域与生存期。

操作步骤：新建窗体，进入窗体的设计视图，在窗体的主体节中添加一个命令按钮，将命令按钮"名称"属性设置为"Command1"，单击"代码"按钮，进入 VBA 窗口，输入以下代码：

```
Option Compare Database
Dim x As Integer
```

```
    Private Sub Form_____Load()
      x = 3
    End Sub
    Private Sub Command1_____Click()
      Static a As Integer
      Dim b As Integer
      b = x ^ 2
      Fun1 x, b
      Fun1 x, b
      MsgBox "x = " & x
    End Sub
    Sub Fun1(ByRef y As Integer, ByVal z As Integer)
      y = y + z
      z = y - z
    End Sub
```

切换至窗体视图，单击命令按钮，观察程序的运行结果，x=_____。最后保存窗体，窗体名称为"Form7_____4"。

案例六：VBA 数据库访问技术

1. 要求：显示"学生"表第一条记录的"姓名"字段值。

操作步骤：

在"教学管理.accdb"数据库中，新建一个标准模块，打开 VBE 窗口，输入以下代码：

```
Private Sub DemoField()
'声明并实例化 Recordset 对象和 Field 对象
Dim rst As ADODB.Recordset
Dim fld As ADODB.Field
Set rst = New ADODB.Recordset
rst.ActiveConnection = CurrentProject.Connection
rst.Open "select * from 学生"
Set fld = rst("姓名")
Debug.print fld.value
End Sub
```

保存模块，模块名为"M4"，运行过程 DemoField，打开立即窗口，观察运行结果。

2. 增加记录

要求：通过如图 7-13 所示的窗体向"学生"表中添加学生记录，对应"学号""姓名""性别"和"年龄"的 4 个文本框的名称分别为 tNo、tName、tSex 和 tAge。当单击窗体中的"添加"命令按钮（名称为 Command1）时，首先判断学号是否重复，如果不重复，则向"学生"表中添加学生记录；如果学号重复，则给出提示信息。

操作步骤：

(1) 新建窗体，在窗体设计视图的主体节中添加 4 个标签、4 个文本框和 2 个命令按钮，参见图 6-6。

(2) 打开属性窗口，将 4 个文本框中的"标题"属性分别设置为 tNo、tName、tSex 和 tAge；第一个命令按钮"名称"属性设置为"CmdAdd"，"标题"属性设置为"添加"；第二个命令按钮"名称"属性设置为"CmdExit","标题"属性设置为"退出";将窗体对象的"标题"属性设置为"添加记录",将"导航按钮"属性设置为"否","记录选择器"属性设置为"否"。

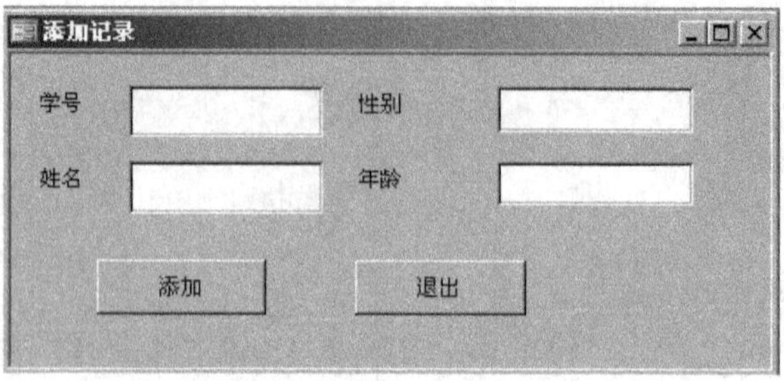

图 7-13 "添加记录"窗体的设计结果

(3) 打开代码窗口,输入并补充完整以下代码。

```
Option Compare Database
Dim ADOcn As New ADODB.Connection
Private Sub Form_Load()
 ' 打开窗口时,连接 Access 数据库
 Set ADOcn = CurrentProject.Connection
End Sub
Private Sub CmdAdd_Click()
' 增加学生记录
Dim strSQL As String
Dim ADOrs As New ADODB.Recordset
Set ADOrs.ActiveConnection = ADOcn
ADOrs.Open "Select 学生编号 From 学生 Where 学生编号= '" + tNo + "'"
Age = Val(tAge)
If Not ADOrs._____ Then
  ' 如果该学号的学生记录已经存在,则显示提示信息
  MsgBox "你输入的学号已存在,不能增加!"
Else
  ' 增加新学生的记录
strSQL = "Insert Into 学生(学生编号,姓名,性别,年龄)"
strSQL = strSQL + " Values('" + tNo + "','" + tName + "','" + tSex + "',"
        + tAge + ")"
  ADOcn.Execute _____
  MsgBox "添加成功,请继续!"
End If
ADOrs.Close
Set ADOrs = Nothing
End Sub
Private Sub CmdExit_____Click()
DoCmd.Close
End Sub
```

(4) 保存窗体,窗体名称为"Form7_5",切换至窗体视图,在相应的文本框中输入新

的学生信息,包括学号、姓名、性别、年龄(学号在学生表中不存在,其他不能空),单击"添加"按钮,打开学生表,观察程序的运行结果,再输入一个已有的学生信息(学号在学生表中已存在),单击"添加"按钮,观察程序的运行结果。

3. 修改记录

要求:对工资表不同职称的职工增加工资,规定教授职称增加 15%,副教授职称增加 10%,其他人员增加 5%。编写程序调整每位职工的工资,并显示所涨工资的总和。

操作步骤:

(1)将"工资管理.accdb"数据库中的"工资表"导入到"教学管理.accdb"数据库中,在"教学管理.accdb"数据库窗口选"表"对象,选择"文件"→"获取外部数据"→"导入"菜单命令,导入"工资"表。

(2)引用 DAO 对象。

新建模块,打开 VBA 窗口,选择"工具"→"引用"菜单命令,滚动列表,直到找到"Microsoft DAO 3.6 Object Library",勾选,单击"确定"按钮,返回 Access。

(3)新建窗体,在窗体的主体节区中添加一个命令按钮,将命令按钮的"名称"属性设置为"CmdAlter","标题"属性设为"修改",单击"代码"按钮,切换至 VBA 窗口中,输入并补充完整以下代码。

```
Private Sub CmdAlter_Click()
Dim ws as DAO.Workspace
Dim db as DAO.Database
Dim rs as DAO.Recordset
Dim gz as DAO.Field
Dim zc as DAO.Field
Dim sum as Currency
Dim rate as Single
Set db = CurrentDb()
Set rs = db.OpenRecordset("工资表")
Set gz = rs.Fields("工资")
Set zc = rs.Fields("职称")
sum = 0
Do While Not _____
  rs.Edit
  Select Case zc
    Case Is = "教授"
      rate = 0.15
    Case Is = "副教授"
      rate = 0.1
    Case else
      rate = 0.05
  End Select
  sum = sum + gz * rate
  gz = gz + gz * rate
```

```
        rs.MoveNext
Loop
rs.Close
db.Close
set rs = Nothing
set db = Nothing
MsgBox "涨工资总计:" & sum
End Sub
```

保存窗体，窗体名称为"Form7_____6"，切换至窗体视图，单击"修改"按钮，观察程序的运行结果。

附录 A 答　　案

第一章　参考答案

一、单项选择题

1. C	2. A	3. D	4. D	5. A
6. C	7. A	8. B	9. B	10. C
11. C	12. A	13. B	14. C	15. B
16. B	17. C	18. B	19. B	20. A
21. D	22. C	23. B	24. C	25. A
26. B	27. A	28. D	29. B	30. A
31. B	32. C	33. B		

二、填空题

1. 用户；操作系统　2. 关系模型　3. 1∶1、1∶n、$m∶n$

4. 二维表　元组　属性　5. 字段　6. 域　7. 候选键　8. 关系

9. 实体完整性；参照完整性　10. 投影　11. 需求分析　12. 概念结构设计

三、简答题（答案略）

第二章　参考答案

一、单项选择题

1. C	2. C	3. C	4. A	5. D
6. D	7. B	8. A	9. A	10. D
11. B	12. C	13. C	14. A	15. C
16. D	17. A	18. B	19. A	20. C
21. A	22. C	23. B	24. C	25. A
26. C	27. D	28. B	29. C	30. C
31. B	32. B	33. D	34. B	35. C
36. B	37. D	38. A	39. A	40. B

二、填空题

1. 数据库　2. 数据表　设计　3. 逻辑　4. 主键　5. accdb

6. 结构　记录　7. 整个字段　字段任何部分　字段开头　8. 隐藏

9. 数据排序　数据筛选　10. 最左侧　11. 表　查询　窗体　报表　宏　模块

12. 升序　降序　13. 无　有（无重复）　有（有重复）　14. 多对多

15. 备注型　16. 查找/替换

三、简答题（略）

第三章 参考答案

一、单项选择题

1. A   2. D   3. D   4. A   5. B
6. A   7. A   8. C   9. D   10. A
11. B   12. C   13. C   14. B   15. C
16. D   17. B   18. C   19. D   20. A
21. C   22. C   23. C   24. B   25. A
26. C   27. C   28. B   29. D   30. A
31. B   32. A   33. A   34. C   35. A
36. B   37. B   38. D   39. C   40. C
41. C   42. A   43. A   44. C   45. C

二、填空题

1. 分组   2. 生成表 追加查询   3. Date() New()   4. 对话框
5. 双引号 单引号   6. 分组字段   7. 同行 不同行   8. 一致(同步)
9. 操作   10. between 75 and 80   11. like "S*"   12. 更新查询
13. 参数查询
14. select 学号，姓名 from 学生 where 学号 not in(select 学号 from 借阅)
15. 信息   16. distinct 图书类型
17. IN("北京","上海") 或 "北京" OR "上海"   18. <#1980-1-1#

三、写 SQL 命令(略)

第四章 参考答案

一、单项选择题

1. A   2. C   3. B   4. B   5. C
6. A   7. D   8. B   9. D   10. C
11. B   12. C   13. C   14. B   15. D
16. A

二、填空题

1. 主体节   2. 非绑定型 计算型   3. 格式   4. 输入或编辑数据
5. 添加控件   6. 文本框   7. 表 查询

三、简答题

1. 在窗体中，组合框与列表框有何主要区别？

答：组合框就如同把文本框与列表框合并在一起，组合框不但可以在列表中选择数值，也可以在列表中输入符合某个值的文本。

列表框可以从列表中选择值，但不能在其中输入新值，只能在限定的范围内对字段进行选择和查询。

第五章　参考答案

一、单项选择题
1．B　　　　2．B　　　　3．A　　　　4．C　　　　5．C
6．B　　　　7．D　　　　8．A　　　　9．B　　　　10．D
11．B　　　12．D

二、填空题
1．主体　　2．分页符　　3．报表　　页面　　4．报表页脚

第六章　参考答案

一、单项选择题
1．C　　　　2．B　　　　3．D　　　　4．A　　　　5．B
6．A　　　　7．A　　　　8．A　　　　9．D　　　　10．A

第七章　参考答案

一、选择题
1．A　　　　2．C　　　　3．A　　　　4．A　　　　5．C
6．D　　　　7．A　　　　8．B　　　　9．B　　　　10．D

二、填空题
1．Int(Rnd*61+15)　　2．24　　3．局部变量，模块变量，全局变量
4．ByVal，传地址调用　　5．12，4　　6．5　　7．RecordSet　　8．EOF

三、问答题

1．在 Access 中，既然已经提供了宏操作，为什么还要使用 VBA？

答：在 Access 中，宏提供的是常用的一些操作，但未包含所有操作，用户在表示一些自我需要的特定操作时，仍需使用 VBA 代码编写其操作。

2．什么是类模块和标准模块？它们的特征是什么？

答：类模块是与类对象相关联的模块，所以也称为类对象模块。类模块是可以定义新对象的模块。新建一个类模块，表示新创建了一个对象，通过类模块的过程可定义对象的属性和方法。Access 的类模块有 3 种基本形式：窗体类模块、报表类模块和自定义类模块。

标准模块是指可在数据库中公用的模块，模块中包含的主要是公共过程和常用过程，这些公用过程不与任何对象相关联，可以被数据库的任何对象使用，可以在数据库的任何位置执行。常用过程是类对象经常使用、需要多次调用的过程。一般情况下，Access 中所说的模块是指标准模块。

类模块一般用于定义窗体、报表中某个控件事件的响应行为，常通过私有的过程来定义。类模块可以通过对象事件操作直接调用。

标准模块一般用来定义数据库、窗体、报表中多次执行的操作，常通过公有的过程来定义，标准模块通过函数过程名来调用。

3. 什么是形参和实参？过程中参数的传递有哪几种？它们之间有什么不同？

答：过程或函数声明中的形式参数列表简称形参。形参可以是变量名（后面不加括号）或数组名（后面加括号）。如果子过程没有形式参数，则子程序名后面必须跟一个空的圆括号。

过程或函数调用时，其实际参数列表简称为实参，它与形式参数的个数、位置和类型必须一一对应，调用时把实参的值传递给形参。

在 VBA 中实参与形参的传递方式有两种：引用传递和按值传递。

在形参前面加上 **ByRef** 关键字或省略不写，表示参数传递是引用传递方式，引用传递方式是将实参的地址传递给形参，也就是实参和形参共用同一个内存单元，是一种双向的数据传递，即调用时实参将值传递给形参，调用结束由形参将操作结果返回给实参。引用传递的实参只能是变量，不能是常量或表达式。

在形参前面加上 **ByVal** 关键字时，表示参数是按值传递方式，是一种单向的数据传递。即调用时只能由实参将值传递给形参，调用结束后不能由形参将操作结果返回给实参。实参可以是常量、变量或表达式。

4. 转换命令按钮的单击事件代码如下。

```
Private Sub cmd_convert_Click()
  Dim v_result As String  '结果变量
  v_result = ""
  If Not IsNumeric(Text0.Value) Then
    MsgBox "输入的不为数值！"
    Exit Sub
  End If
  If Len(Text0.Value)<> 3 Then
    MsgBox "输入的不为3位数！"
  End If
  For i = 1 To 3
    v_result = v_result & Mid(Text0.Value, 3 -i + 1, 1)
  Next i
  MsgBox "结果：" & v_result
End Sub
```

5. VBA 代码如下。

```
Private Sub Command1_Click()
  x = InputBox("请输入第一个数 x 的值", "请输入需比较的数")
  max = x
  y = InputBox("请输入第二个数 y 的值", "请输入需比较的数")
  If y > max Then max = y
  z = InputBox("请输入第三个数 z 的值", "请输入需比较的数")
  If z > max Then max = z
  Me.Text1.Value = Str(x)& "," & Str(y)& "," & Str(z)
  Me.Text3.Value = max
End Sub
```

6. VBA 代码如下。

```
Private Sub Form_Load()
 Me.Text1.Value = ""
End Sub
Private Sub Command5_Click()
 Me.Text1.Value = ""
 m% = InputBox("请输入欲判断季节的月份的值", "注意：只可为 1-12 之间的整数")
 Select Case m
   Case 2 To 4  ' 春季
     Me.Label2.Caption = Trim(Str(m))& "月份的季节为"
     Me.Text1.Value = "春季"
   Case 5 To 7  '夏季
     Me.Label2.Caption = Trim(Str(m))& "月份的季节为"
     Me.Text1.Value = "夏季"
   Case 8 To 10  '秋季
     Me.Label2.Caption = Trim(Str(m))& "月份的季节为"
     Me.Text1.Value = "秋季"
   Case 11 To 12, 1
     Me.Label2.Caption = Trim(Str(m))& "月份的季节为"
     Me.Text1.Value = "冬季"
   Case Else  '无效的月份
     Me.Text1.Value = "输入的是无效的月份"
 End Select
End Sub
```

7. VBA 代码如下。

```
Private Sub Command1_Click()
 Dim m As String
 Me.Text1.Value = ""
 m = "2"
 For i% = 3 To 99 Step 2
  For j% = 2 To i -1
   Lx% = i Mod j
   If Lx = 0 Then
    Exit For
   End If
  Next
  If j > i -1 Then
   m = m + " ," + Trim(Str(i))
  End If
 Next
 Me.Text1.Value = m
End Sub
```

8. 利用 ADO 对象，对"教学管理"数据库的"课程"表完成以下操作。
(1) 添加一条记录："Z0004"，"数据结构"，"必修"，1。

(2) 查找课程名为"数据结构"的记录,并将其学分更新为 3。
(3) 删除课程号为"Z0004"的记录。

答:(1)在教学管理数据库中,添加一条记录的过程如下。

```
Sub AddRecord(kc_hao As String, kc_name As String, kc_class As String,
              kc_score As Integer)
    Dim rs As New ADODB.Recordset
    Dim conn As New ADODB.Connection
    On Error GoTo GetRS_Error
    Set conn = CurrentProject.Connection    '打开当前连接
    rs.Open strSQL, conn, adOpenKeyset, adLockOptimistic
    rs.AddNew
    rs.Fields("课程号").Value = kc_hao
    rs.Fields("课程名").Value = kc_name
    rs.Fields("课程类别").Value = kc_class
    rs.Fields("学分").Value = kc_score
    rs.Update
    Set rs = Nothing
    Set conn = Nothing
End Sub
```

(2) 查找课程名为"数据结构"的记录,并将其学分更新为 3。代码实现如下。

```
Sub ExecSQL()
    Dim conn As New ADODB.Connection
    Set conn = CurrentProject.Connection    '打开当前连接
    strsql = "update 课程 set 学分=3 where 课程名='数据结构'"
    conn.Execute (strsql)
    Set conn = Nothing
End Sub
```

(3) 删除课程号为"Z0004"的记录,只需将 ExecSQL()过程中的 SQL 语句改为:

```
strsql = "delete * from 课程 where 课程号='Z0004'"(期末测试练习)
```

Access 2010 练习题 一

一、选择题

1. 下面不属于关系模型的完整性约束是（   ）。
   A．用户自定义完整性　　　　　　B．规范化
   C．实体完整性　　　　　　　　　D．参照完整性

2. 将两个关系拼接成一个新的关系，生成的新关系中包含满足条件的元组，这种操作称为（   ）。
   A．选择　　　　　　　　　　　　B．投影
   C．连接　　　　　　　　　　　　D．并

3. Access 属于哪种类型的数据库？（   ）
   A．层次数据库　　　　　　　　　B．网状数据库
   C．关系数据库　　　　　　　　　D．面向对象数据库

4. 不属于 Access 对象的是（   ）。
   A．表　　　　　　　　　　　　　B．文件夹
   C．窗体　　　　　　　　　　　　D．查询

5. 表由哪些部分组成？（   ）
   A．查询和字段　　　　　　　　　B．字段和记录
   C．记录和窗体　　　　　　　　　D．报表和字段

6. 在 SQL 查询中使用 Where 子句指出的是（   ）。
   A．查询目标　　　　　　　　　　B．查询结果
   C．查询视图　　　　　　　　　　D．查询条件

7. 如果表 A 中的一条记录与表 B 中的多条记录相匹配，而表 B 中的一条记录只能与表 A 中的一条记录相匹配，则表 A 与表 B 存在的关系是（   ）。
   A．一对一　　　　　　　　　　　B．一对多
   C．多对一　　　　　　　　　　　D．多对多

第 8~11 题使用已建立的"tEmployee"表，表结构如下所示：

字段名称	字段类型	字段大小
雇员 Id	文本	10
姓名	文本	10
性别	文本	1
出生日期	日期/时间	
职务	文本	14
简历	备注	
联系电话	文本	8

8. 在"tEmployee"表中,"姓名"字段的字段大小为 10,在此列输入数据时,最多可输入的字母数是(   )。

A. 5
B. 10
C. 15
D. 20

9. 为了确保输入的联系电话值只能为 8 位数字,可以设置字段属性的哪个部分?(   )

A. 输入掩码
B. 输入法模式
C. 必填字段
D. 有效性文字

10. 若在"tEmployee"表中查找所有姓"王"的记录,可以在查询设计视图的准则行输入(   )。

A. like "王"
B. like "王*"
C. = "王"
D. = "王*"

11. 下面显示的是查询设计视图的"设计网格"部分,从此部分所示的内容中可以判断出要创建的查询是(   )。

A. 删除查询
B. 生成表查询
C. 选择查询
D. 更新查询

字段:	职务	性别	
表:	tEmployee	tEmployee	
更新到:			
条件:			
或:			

12. 利用 Access 的 SQL 视图可以创建(   )。

A. 选择查询
B. 数据定义查询
C. 动作查询
D. 以上三种都可以

13. Access 支持的查询类型有(   )。

A. 选择查询,交叉表查询,参数查询,SQL 查询和动作查询
B. 基本查询,选择查询,参数查询,SQL 查询和动作查询
C. 多表查询,单表查询,交叉表查询,参数查询和动作查询
D. 选择查询,统计查询,参数查询,SQL 查询和动作查询

14. 设有如下关系表:

R
A	B	C
1	1	2
2	2	3

S
A	B	C
3	1	3

T
A	B	C
1	1	2
2	2	3
3	1	3

则下列操作中正确的是(   )。

A. $T = R \cap S$
B. $T = R \cup S$
C. $T = R \times S$
D. $T = R / S$

15. 设置数据库的用户密码时，应该用什么方式打开数据库？（　　）
    A．只读 B．独占只读
    C．独占 D．共享
16. Access 数据库中哪个数据库对象是其他数据库对象的基础？（　　）
    A．报表 B．查询
    C．表   D．模块
17. 某数据库的表中要添加一个图片，则该采用的字段类型是（　　）。
    A．OLE 对象数据类型 B．超级链接数据类型
    C．查阅向导数据类型 D．自动编号数据类型
18. 对"将信电系 98 年以前参加工作的教师的职称改为教授"合适的查询方式为（　　）。
    A．生成表查询 B．更新查询
    C．删除查询   D．追加查询
19. 如果要检索价格在 15 万元～20 万元之间的产品，可以设置条件（　　）。
    A．">15 Not <20" B．">15 Or < 20"
    C．">15 And <20" D．">15 Like <20
20. "商品"与"顾客"两个实体集之间的联系一般是（　　）。
    A．一对一 B．一对多
    C．多对一 D．多对多
21. 以下不属于数据库系统(DBS)的组成的是（　　）。
    A．硬件系统   B．数据库管理系统及相关软件
    C．文件系统   D．数据库管理员(DataBase Administrator，DBA)
22. 构成关系模型中一组相互联系的"关系"一般是指（　　）。
    A．满足一定规范化要求的二维表 B．二维表中的一行
    C．二维表中的一列   D．二维表中的一个数字项
23. 以下有关优先级的比较，正确的是（　　）。
    A．算术运算符>关系运算符>连接运算符
    B．算术运算符>连接运算符>逻辑运算符
    C．连接运算符>算术运算符>关系运算符
    D．逻辑运算符>关系运算符>算术运算符
24. 以下查询方式中不属于操作查询的是（　　）。
    A．选择查询 B．删除查询
    C．更新查询 D．追加查询
25. 根据数据库理论，下列叙述中正确的是（　　）。
    A．数据表中记录没有先后顺序，字段有先后顺序
    B．数据表中记录有先后顺序，字段没有先后顺序
    C．数据表中记录没有先后顺序，字段也没有先后顺序
    D．数据表中记录有先后顺序，字段也有先后顺序

26．下列不能对表记录进行筛选的方法是（　　）。
　　A．按窗体筛选　　　　　　　　　B．按选定内容筛选
　　C．按报表筛选　　　　　　　　　D．高级筛选
27．下列不能编辑修改的字段类型是（　　）。
　　A．文本字段　　　　　　　　　　B．日期/时间字段
　　C．自动编号字段　　　　　　　　D．数字类型字段
28．设有选修计算机基础的学生关系 R，选修数据库 Access 的学生关系 S。求选修了计算机基础又选修数据库 Access 的学生，则需进行（　　）运算。
　　A．并　　　　　　　　　　　　　B．差
　　C．交　　　　　　　　　　　　　D．或
29．在数据库系统中，数据的最小访问单位是（　　）。
　　A．字节　　　　　　　　　　　　B．字段
　　C．记录　　　　　　　　　　　　D．表

二、填空题

1．Access 数据库文件的扩展名是_____。

2．Access 数据库包含_____、_____、_____、_____、_____和_____等数据库对象。

3．和文件系统相比，数据库系统的数据冗余度_____，数据共享性_____。

4．关系中能够唯一标识某个记录的字段称为_____。

5．常用的结构数据模型有_____、_____和_____。

6．传统的集合"并、交、差"运算施加于两个关系时，这两个关系的_____属性个数_____，_____必须取自同一个域。

7．在关系数据库中，数据分别存储在各个表中。每个表由一些列和行组成，每一列称为一个_____，每一行称为_____。

9．只有当主键字段的取值满足_____和_____时，才能实现实体完整性规则。

10．在设计、修改 Access 表结构的过程中，字段的常规属性中的"有效性规则"的作用是_____。

11．随着新年的来临，导师表中所有导师的年龄应该增加 1 岁。要实现年龄的自动更新，应该建立_____查询。

12．DBMS 的意思是_____。

13．关系代数运算都是_____级的运算，即它的每一个运算分量是一个_____，运算的结果亦是_____。

15．制作查阅列表的常用方法是使用_____查阅向导_____。

17．操作查询共有删除查询、_____、_____和_____。

18．SQL 查询就是用户使用 SQL 语句来创建的一种查询。SQL 查询主要包括_____、传递查询、_____和子查询 4 种。

19．创建查询的首要条件是要有_____。

20．_____的作用是规定数据的输入格式，提高数据输入的正确性。

三、SQL 编程

学号	姓名	语文	数学	英语	专业
1401	张三	75	60	73	80
1402	李四	60	57	61	59
1403	王五	80	73	82	68
1404	李容	83	76	58	87

学号、姓名的字符类型为文本型。 语文、数学、英语、专业的字符类型为数值型。完成下列小题：

1．显示专业及格的学生记录。

2．把姓李的学生语文成绩都加 5 分。

3．添加如下记录(学号：14005　姓名：陈东　语文：80　数学：93　英语：84　专业：98)。

Access 2010 练习题二

一、填空题

1. _____就是以一定的组织方式将相关的数据组织在一起存放在计算机存储器上形成的，能为多个用户共享的，同时与应用程序彼此独立的一组相关数据的集合。

2. 数据库系统的核心是_____。

3. 在 Access 数据库表中，表中的每一行称为一个_____，表中的每一列称为一个_____。

4. 数据库管理系统常见的数据模型有层次模型、网状模型和_____3 种。

5. 在关系模型中，把数据看成一个二维表，每一个二维表称为一个_____。

6. Access 数据库的扩展名是_____。

8. 表结构的设计和维护，是在表的_____中完成的。

9. 在 Access 中，数据类型主要包括自动编号、文本、备注、数字、日期/时间、_____、是/否、OLE 对象、超级链接和查询向导等。

10. 一份表最多可建立_____个主键(主索引)。

11. 如果在创建表中建立字段"基本工资额"，其数据类型应当是_____。

12. 主键是表中能够_____标识每条记录的字段。

13. 将表中的字段定义为_____ _____，其作用是保证字段中的每一个值都必须是唯一的(即不能重复)，便于索引，并且该字段也会成为默认的排序依据。

14. 在 Access 中，表间的关系有"_____""一对多"及"多对多"。

15. _____是 Access 数据库中存储数据的对象，是数据库的基本操作对象。

16. 如果一个工人可管理多个设备，而一个设备只被一个工人管理，则实体"工人"与实体"设备"之间存在_____的联系。

17. 如果在创建表中建立字段"性别"，并要求用逻辑值表示，其数据类型应当是_____。

18. 创建表关系字段时，应注意两个规则，分别是"可用不同的字段名称"与关系字段的"_____"需相同。

19. 简单地说，_____就是在某字段未输入数据时，系统自动显示的字符(或数字)。

20. 根据对数据源操作方式和结果的不同，查询可以分为 5 类：_____、交叉表查询、_____、操作查询和 SQL 查询。

21. 如果基于多个表建立查询，应该在多个表之间先建立_____。

22. _____就是窗体菜单，通过它可以把数据库的各种对象有机地集合起来形成一个应用系统。

23. 窗体由多个部分组成，每个部分称为一个_____。

24. _____是数据库中用户和应用程序之间的主要界面，用户对数据库的任何操作都可以通过它来完成。

25．Access 2010 数据库的窗体主要有 6 种视图，它们分别是_____、_____、_____、数据透视表视图和数据透视图视图等。

26．_____是窗体上用于显示数据、执行操作和装饰窗体的对象。

27．窗体中的数据来源主要包括表和_____。

28．组合框和列表框的主要区别是是否可以在框中_____。

29．在报表每一页的底部都输出信息，需要设置的区域是_____。

30．在报表设计时，如果只在报表最后一页的主体内容之后输出规定的内容，则需要设置_____。

31．报表设计中，可以通过在组页眉或组页脚中创建_____来显示记录的分组汇总数据。

32．在报表设计区中，_____节通常用来显示数据的列标题。

33．用户可以在_____视图中，对已生成的报表进行进一步修改和完善。

34．计算所有员工"基本工资"的总计值，需设置控件源属性为_____。

35．建立查询的主要步骤有 4 种方式：双击字段名称、_____、用鼠标双击字段列表的标题行、在"字段"下拉菜单中选择等。

36．执行_____命令，可以对组页面和组页脚进行单独设置。

37．_____是整个报表的标题，它的内容只在报表的首页头部打印输出。

38．在表的"设计视图"窗口中的表达式，通常用来设置字段的"_____"属性。

39．"_____"是让数据以某种规则依次排列，方式则有两种："升序"和"降序"。

40．如果字段内容变化不大，可将这些字段内容建立在"_____"或"列表框"。

41．若选中表"关系"时的"_____"，但删除的表属于"主文件"，Access 便不允许"删除"操作，除非先全部删除"明细文件"中与之相关的数据内容。

二、选择题

1．从本质上说，Access 是（　　）。
   A．分布式数据库系统　　　　　　B．面向对象的数据库系统
   C．关系型数据库系统　　　　　　D．文件系统

2．下列 4 项说法中不正确的是（　　）。
   A．数据库减少了数据冗余　　　　B．数据库中的数据可以共享
   C．数据库避免了一切冗余　　　　D．数据库具有较高的数据独立性

3．在 Access 中，参照完整性规则不包括（　　）。
   A．更新规则　　　　　　　　　　B．查询规则
   C．删除规则　　　　　　　　　　D．插入规则

5．SQL 是 Structured（　　）Language 的缩写。
   A．Question　　　　　　　　　　B．Quest
   C．Quotation　　　　　　　　　　D．Query　　　　　　E．Quotient

6. 表由若干条（　　）组合而成。
   A．字段　　　　　　　　　　　B．数据访问页
   C．记录　　　　　　　　　　　D．储存格　　　　　E．工作表
9. 不属于 Access 对象的是（　　）。
   A．向导　　　　　　　　　　　B．表
   C．查询　　　　　　　　　　　D．窗体
10. 数据库窗口中包含（　　）种对象选项。
    A．5　　　　　　　　　　　　B．6
    C．7　　　　　　　　　　　　D．8
11. 如果在创建表中建立字段"简历"，其数据类型应当是（　　）。
    A．文本　　　　　　　　　　　B．数字
    C．日期　　　　　　　　　　　D．备注
12. 用二维表来表示实体及实体之间联系的数据模型是（　　）。
    A．关系模型　　　　　　　　　B．层次模型
    C．网状模型　　　　　　　　　D．实体-联系模型
13. Access 中表和数据库的关系是（　　）。
    A．一个数据库可以包含多个表　B．一个表只能包含两个数据库
    C．一个表可以包含多个数据库　D．一个数据库只能包含一个表
18. "多对多"关系可拆开为两个（　　）关系。
    A．一对一　　　　　　　　　　B．多对一
    C．一对多　　　　　　　　　　D．多对多
22. 在 Access 数据库的表设计视图中，不能进行的操作是（　　）。
    A．修改字段类型　　　　　　　B．设置索引
    C．增加字段　　　　　　　　　D．删除记录
23. 下列（　　）不是索引属性的设定值之一。
    A．有(有重复)　　　　　　　　B．有(无重复)
    C．有(二者皆可)　　　　　　　D．无
24. 下列 Access 表的数据类型的集合，错误的是（　　）。
    A．文本、备注、数字　　　　　B．备注、OLE 对象、超级链接
    C．通用、备注、数字　　　　　D．日期/时间、货币、自动编号
25. 下列（　　）不是查询的类型。
    A．执行查询　　　　　　　　　B．选择查询
    C．操作查询　　　　　　　　　D．交叉表查询　　　E．参数查询
28. （　　）操作符在数据库中有特定的含义，一般情况下指的是不包含任何数据的字段。
    A．Null　　　　　　　　　　　B．Not
    C．And　　　　　　　　　　　D．Or　　　　　　　E．Like
29. 在 Access 中，查询的数据源可以是（　　）。
    A．表　　　　　　　　　　　　B．查询

C. 表和查询   D. 表、查询和报表

30. 在课程表中要查找课程名称中包含"计算机"的课程，对应"课程名称"字段的正确准则表达式是（   ）。

   A. "计算机"   B. "*计算机*"
   C. Like "*计算机*"   D. Like "计算机"

32. 如果想找出不属于某个集合的所有数据，可使用（   ）操作符。

   A. And   B. Or
   C. Like   D. Not   E. Between

33. "查询"设计视图窗口分为上、下两部分，下部分为（   ）。

   A. 设计网格   B. 查询记录
   C. 属性窗口   D. 字段列表

34. 假设某数据表中有一个"工作时间"字段，查找1992年参加工作的职工记录的准则是（   ）。

   A. Between #92-01-01# And #92-12-31#
   B. Between "92-01-01" And "92-12-31"
   C. Between "92.01.01" And "92.12.31"
   D. #92.01.01# And #92.12.31#

36. SQL 语言又称为（   ）。

   A. 结构化定义语言   B. 结构化控制语言
   C. 结构化查询语言   D. 结构化操纵语言

37. 在窗体中，用来设置窗体标题的区域一般是（   ）。

   A. 窗体页眉   B. 主体节
   C. 页面页眉   D. 窗体页脚

38. 下列不属于 Access 窗体的视图是（   ）。

   A. 设计视图   B. 窗体视图
   C. 版面视图   D. 数据表视图

39. 能够接受"数据"的窗体控件是（   ）。

   A. 图形   B. 命令按钮
   C. 文本框   D. 标签

40. Access 数据库中，若要求在窗体上设置输入的数据是取自某一个表或查询中记录的数据，或者是取自某固定内容的数据，可以使用的控件是（   ）。

   A. 选项组控件   B. 列表框或组合框控件
   C. 文本框控件   D. 复选框、切换按钮、选项按钮控件

41. 在窗体中，用来输入或编辑字段数据的交互控件是（   ）。

   A. 文本框控件   B. 标签控件
   C. 复选框控件   D. 列表框控件

42. 要改变窗体上文本框控件的数据源，应设置的属性是（   ）。

   A. 记录源   B. 控件来源

C. 筛选查阅　　　　　　　　　　D. 默认值
44. 可以作为窗体记录源的是（　　）。
    A. 表　　　　　　　　　　　　B. 查询
    C. Select 语句　　　　　　　　D. 表、查询或 Select 语句
47. 下列（　　）是控件的类型。
    A. 绑定　　　　　　　　　　　B. 非绑定
    C. 计算　　　　　　　　　　　D. 以上皆是　　　　　E. 以上皆非
48. 下列不是窗体控件的是（　　）。
    A. 表　　　　　　　　　　　　B. 单选按钮
    C. 图像　　　　　　　　　　　D. 直线
49. 在关于报表数据源设置的叙述中，以下正确的是（　　）。
    A. 可以是任意对象　　　　　　B. 只能是表对象
    C. 只能是查询对象　　　　　　D. 可以是表对象或查询对象
50. 如果要在整个报表的最后输出信息，需要设置（　　）。
    A. 页面页脚　　　　　　　　　B. 报表页脚
    C. 页面页眉　　　　　　　　　D. 报表页眉
54. 要显示格式为"页码/总页数"的页码，应当设置文本框控件的控制来源属性为（　　）。
    A. [Page]/[Pages]　　　　　　B. =[Page]/[Pages]
    C. [Page]&"/"&[Pages]　　　　D. =[Page]&"/"&[Pages]
55. 以下叙述正确的是（　　）。
    A. 报表只能输入数据　　　　　B. 报表只能输出数据
    C. 报表可以输入和输出数据　　D. 报表不能输入和输出数据
67. 下列（　　）控件不能用来显示"是/否"数据类型的数据？
    A. 命令按钮　　　　　　　　　B. 复选框
    C. 选项按钮　　　　　　　　　D. 切换按钮
68. （　　）可让我们在窗体中连接"OLE 对象"数据类型的字段。
    A. 非绑定对象框　　　　　　　B. 绑定对象框
    C. 选项按钮　　　　　　　　　D. 复选框　　　　　　E. 图像
69. 为了在任何时候、任何情况都能使用按钮执行所需要的操作，最好将"命令按钮"建立在（　　）节。
    A. 窗体页眉　　　　　　　　　B. 页面页眉
    C. 细部　　　　　　　　　　　D. 页面页脚　　　　　E. 窗体页脚
70. （　　）大多用来当做窗体或其他控件的说明文字，几乎与任何字段都没有关系。
    A. 文本框　　　　　　　　　　B. 命令按钮
    C. 标签　　　　　　　　　　　D. 复选框　　　　　　E. 组合框

Access 2010 练习题 三

一、单项选择题

1. 数据库系统的核心是（　　）。
   A．数据库文件   B．数据库管理系统
   C．数据库管理员   D．应用程序

2. 如果对一个关系实施了一种关系运算后得到了一个新的关系，而且新的关系中属性个数少于原来关系中的属性个数，这说明所实施的运算关系是（　　）。
   A．选择   B．投影
   C．连接   D．并

3. 关于 Access 2010，以下说法错误的是（　　）。
   A．Access 是一种关系型数据库管理系统
   B．支持 OLE 对象，可以存放表格、图像和声音
   C．Access 中每个对象都对应一个独立的文件
   D．使用符合标准的 SQL 数据库语言，具有较好的通用性

4. 以下数据类型中，固定占用字节数最大的是（　　）。
   A．同步复制   B．双精度型
   C．查询向导类型   D．日期/时间型

5. 假设小明想把 yewen.rmvb 存放到数据库中，它应该选取的数据类型是（　　）。
   A．查询向导   B．备注
   C．超级链接   D．OLE 对象

6. 假如我们已对数据表的某字段设置了掩码(000)AAA-999，则以下符合要求的值是（　　）。
   A．(535)TEL-8601   B．(535)TEL-86
   C．(535)860-TEL   D．(535)TEL-86-1

7. 对于表中字段的描述，以下叙述不正确的是（　　）。
   A．如果文本型字段中已经有数据，那么减小字段大小不会使数据丢失
   B．可以使用 Access 的表达式来定义默认值
   C．为字段设置默认属性时，必须与字段的数据类型相匹配
   D．如果数字型字段中包含小数，将字段大小设置为整数时，Access 自动将小数取整

8. 下列不属于操作查询的是（　　）。
   A．选择查询   B．更新查询
   C．生成表查询   D．删除查询

9. 以下查询中，能改变源数据的是（　　）。

A．高级选择查询 B．计算查询
C．操作查询 D．交叉查询

10．关于查询，以下说法正确的是（　　）。
A．查询只能对单一表查询，不能针对多个表查询
B．查询可以完成对数据表的查找、统计和修改
C．查询只能查找数据，不能修改数据
D．查询的数据来源只能是数据表，不能是已创建的查询

11．创建交叉表查询时需要的3个要素不包括（　　）。
A．值 B．页标题
C．行标题 D．列标题

12．数据表"学生"包括学生姓名、科目和成绩3个字段，要创建一个交叉表查询在行上汇总每名同学的成绩，则应该作为列标题的字段是（　　）。
A．科目 B．学生姓名
C．成绩 D．任意字段都可以

13．关于使用"查找重复项查询向导"创建的查询，以下说法正确的是（　　）。
A．只显示重复项的记录 B．生成的查询只能查看，不能修改
C．只显示未重复的记录
D．显示未重复的记录和重复的记录的第一条记录

14．下列叙述不正确的是（　　）。
A．在为查询添加字段时，*号表示所有的字段
B．建立选择查询时，查询条件必须预先设计好
C．查询中可以对查询字段进行计算，并把计算结果作为另一查询字段保存到当前查询中
D．生成表查询生成新的表，该表是源表的一个子集

15．在查询设计器窗口中，可以设置的项目不包括（　　）。
A．字段的排序方式 B．字段的筛选条件
C．字段的显示格式 D．按照文字笔画顺序

16．在设计视图中创建一个查询，查找总分在570分以上（包括570分）的男同学的姓名、总分，正确设置查询条件的方法应为（　　）。
A．单元格输入：总分>=570 and 姓名="男"
B．条件单元格输入：总分>=570；在"性别"条件单元格输入："男"
C．在"总分"条件单元格输入：总分>=570；在"性别"条件单元格输入："男"
D．在条件单元格输入：总分>=570 or 性别="男"

17．将成绩在60至80分之间的记录找出后添入一个新表中，应采用的查询方式是（　　）。
A．删除查询 B．更新查询
C．追加查询 D．生成表查询

18．"职工"数据表中包含字段"姓名""出生日期""职称""工资"，要查询职工的平

均工资，可采用的查询方式是（　　）。

  A．总计查询   B．传递查询

  C．参数查询   D．计算查询

19．关于追加查询，以下说法正确的是（　　）。

  A．源表与目标表的结构必须完全一致

  B．当源表与目标表的字段名不一样时，不能进行添加

  C．在全字段追加情况下，如果源表的字段数目比目标表少，多余的字段将被忽略

  D．在全字段追加情况下，如果源表的字段数目比目标表少，多余的字段不被追加

20．在创建计算查询时，计算表达式必须在（　　）栏中输入。

  A．显示   B．字段

  C．总计   D．条件

21．以下说法不正确的是（　　）。

  A．查询是从数据库的表中筛选出符合条件的记录，构成一个新数据集合

  B．查询的种类有选择查询、参数查询、交叉表查询、操作查询和 SQL 查询

  C．创建复杂的查询不能使用查询向导

  D．可以使用函数、逻辑运算符、关系运算符创建复杂的查询

22．现有 SQL 语句：select * from student where 性别="男"，该语句中包含的关系运算有（　　）。

  A．选择   B．投影

  C．连接   D．选择和投影

23．使用窗体向导创建基于多个数据源的窗体时，以下说法正确的是（　　）。

  A．只能创建单个窗体   B．只能创建多层窗体

  C．可以创建单个窗体和多层窗体   D．只能创建链接窗体

24．用户使用"自动创建窗体"功能创建窗体，如果选定与记录源相关的表或查询，下列说明中正确的是（　　）。

  A．窗体中还将包含来自这些记录源的所有字段和记录

  B．窗体中不包含来自这些记录源的所有字段和记录

  C．窗体中还将包含来自这些记录源的所有字段，但不包含记录

  D．窗体中还将包含来自这些记录源的所有记录，但不包含字段

25．在窗体设计视图中，如果想让每一页的底部都显示某控件，则该控件应当添加的节是（　　）。

  A．窗体页眉   B．窗体页脚

  C．页面页眉   D．页面页脚

26．以下关于报表的说法中，错误的是（　　）。

  A．报表主要用于打印和输出数据

  B．报表必须有数据源

  C．报表可以对数据进行分组和汇总

  D．报表只能输出数据，不能添加、修改数据

27. 关于纵栏式报表，以下说法正确的是（   ）。
    A．纵栏式报表与纵栏式窗体的功能完全一样
    B．纵栏式报表以行为单位显示记录，每条记录占一行
    C．纵栏式报表中不能显示表中图像数据
    D．纵栏式报表只能查看数据，不能输入和修改数据
28. 在使用向导创建报表时，无法进行设置的是（   ）。
    A．记录排序   B．在报表中添加日期
    C．选择显示字段   D．选择报表布局
29. 在报表属性表中，要设置报表数据来源，可使用的选项卡是（   ）。
    A．数据   B．格式
    C．事件   D．其他
30. 通过报表属性表，不能完成的操作是（   ）。
    A．指定或修改数据来源   B．为报表添加背景图片
    C．调整报表中数据的格式 D．设置报表输入数据格式

三、操作题

1. 在数据库"教学"中包含数据表"学生"，如下表所示，根据要求写出相应的SQL语句。

学号	姓名	性别	团员	出生日期	专业	语文	数学
200501	张明	男	是	1981-12-10	计算机	56	65
200623	李红	女	否	1980-03-09		78	76
200512	王海	男	是	1982-04-09	机电	95	49
……	……	……	……	……	……	……	……

(1) 找出前3条学生记录的学生姓名、专业、出生日期；
(2) 找出语文和数学均不及格的学生姓名、语文和数学；
(3) 找出不是团员的学生信息，并按年龄降序排序；
(4) 找出机电专业所有学生的语文成绩平均值；
(5) 查询没有填报专业学生的所有信息；
(6) 找出数学成绩在60~70分之间的学生信息；
(7) 找出姓"张"的学生姓名、语文，并按成绩由大到小的顺序排列；
(8) 找出1979年以后出生的女同学的姓名和出生日期；
(9) 从表中找出学号前4位为"2006"的学生信息；
(10) 年龄为16岁的男生；
(11) 删除"学生"表。

2. 数据表"职工"的结构如下，该表已经用设计视图打开，按照要求完成相应操作。

字段名称	数据类型	字段大小
编号	文本	6
姓名	文本	4
职称	文本	8

续表

字段名称	数据类型	字段大小
工资	数字	整型
工作时间	日期/时间	
是否在职	是/否	

(1) 将"编号"设为主键。

(2) 设置"工作时间"字段的有效性规则为 2005 年 5 月 1 日之前。

(3) 设置职称字段的默认值为"工程师"。

(4) 在"职称"字段后增加一个新字段"性别"。

四、综合题

"学生"表、"课程"表和"成绩"表如下图，请完成下列操作。

id	学号	姓名	性别	出生日期	团员	电话号码	邮政编码	住址
1	990101	刘伊步	男	1982/12/26	✓	514	26100	青岛李沧
2	990105	王戍阳	男	1982/6/24	✓	412	266100	青岛四方
3	990112	赵留星	女	1983/9/18	✓	475	266100	青岛市南
4	990116	巴洁	女	1983/9/9		586	266100	青岛李沧
5	990123	王拾遗	男	1982/4/13	✓	586	266100	青岛四方
6	990201	年玖	女	1983/5/1		490	266100	青岛黄岛
7	990215	张史	男	1982/1/1	✓	505	266100	青岛市南
8	990212	吴二强	男	1982/4/13		585	266100	青岛四方
9	990216	张世尔	男	1983/4/13	✓	620	266100	青岛李沧
10	990223	张三玫	女	1983/9/30		538	266100	青岛市南
11	990312	金奇彬	女	1982/4/25		508	266100	青岛四方
12	990334	刘四年	男	1983/5/15	✓	455	266100	青岛平度

学号	编号	成绩
000101	112	75
000101	301	00
000101	302	80
000105	112	67
000105	301	52
000105	302	45
000112	112	56
000112	301	78
000113	302	65
000115	112	98
000115	302	45
990101	112	98
990101	302	68
990101	302	52
990105	302	45
990105	301	78
990105	112	94
990113	112	87

编号	课程
112	数学
301	计算机应用基础
302	数据库应用基础

姓名	平均成绩	总成绩
巴洁	47.6	238
刘四年	61.5	123
刘伊步	72.66666666667	218
王拾遗	90.5	181
王戍阳	72.33333333333	217
吴二强	45	90
张三玫	91.66666666667	275

(1)请将3个表建立关系"学生"表和"成绩"表的"学号","成绩"表和"课程"表的"编号"。

(2)在"学生"表中计算每位学生的年龄(如下图所示)。

id	学号	姓名	性别	出生日期	团员	电话号码	邮政编码	住址	照片	年龄
1	990101	刘伊步	男	1982/12/26	✓	514	266100	青岛李沧		29
2	990105	王成阳	男	1982/6/24	✓	412	266100	青岛四方		29
3	990112	赵留星	女	1983/9/18	✓	475	266100	青岛市南		28
4	990116	巴洁	女	1983/9/9		586	266100	青岛李沧		28
5	990123	王拾遗	男	1982/4/13	✓	586	266100	青岛四方		29
6	990201	年玖	女	1983/5/1		490	266100	青岛李沧		28
7	990215	张史	男	1982/1/1	✓	505	266100	青岛市南		29
8	990212	吴二强	男	1982/4/13		585	266100	青岛四方		29
9	990216	张世尔	男	1983/4/13	✓	620	266100	青岛李沧		28
10	990223	张三玫	女	1983/9/30		538	266100	青岛市南		28
11	990312	金奇彬	女	1982/4/25		508	266100	青岛四方		29
12	990334	刘泗年	男	1983/5/15	✓	455	266100	青岛平度		28

(3)求每位学生的总分和平均分(如下图所示)。

姓名	平均成绩	总成绩
巴洁	47.6	238
刘泗年	61.5	123
刘伊步	72.6666666667	218
王拾遗	90.5	181
王成阳	72.3333333333	217
吴二强	45	90
张三玫	91.6666666667	275

(4)将"成绩"表中的"数学"成绩都加2分。

(5)建立一个交叉表查询,查询每位学生的各科成绩,并将其保存到新表"成绩查询交叉表"中(如下图所示)。

姓名	总计 成绩	计算机应用基础	数据库应用基础	数学
金奇彬	242	82	78	82
刘泗年	218	60	63	95
刘伊步	194		120	74
王成阳	200	78	52	70
吴二强	209	85	56	68
张三玫	251	97	84	70

(6)使用窗体向导创建一个数据表式窗体"学生信息",样式为"沙岩",包含字段姓名、性别、出生日期、专业、成绩。并在此窗体中筛选出数学成绩在80分以上的所有男生的记录。

Access 2010 练习题 四

一、单选题

1. 可以选择输入数字或空格的输入掩码占位符是（　　）。
   A．0　　　　　　　　　　　　　　B．<
   C．>　　　　　　　　　　　　　　D．9

2. 添加一张图片到数据库中，要采用的字段类型是（　　）。
   A．附件　　　　　　　　　　　　B．超链接
   C．自动编号　　　　　　　　　　D．查阅向导

3. 在一张表中，要使"年龄"字段的取值范围设在 14~35 之间，则在"有效性规则"属性框中输入表达式（　　）。
   A．>=14 AND <=35　　　　　　　B．>=14 OR <=35
   C．>=35 AND <=14　　　　　　　D．>=14 & <=35

4. 下列选项中合法的表达式是（　　）。
   A．学生编号 between 000010 and 200000　　B．[性别]="男" or [性别]="女"
   C．[基本工资]>=1000 [基本工资]<=10000　　D．[性别] like "男" [性别] like "女"

5. 要改变一个字段大小的属性，将该字段大小重新设置为整型（数字），数据会发生变化的是（　　）。
   A．1768　　　　　　　　　　　　B．−88
   C．34.5　　　　　　　　　　　　D．1

6. 将文本型数据"34"，"54"，"7"，"66"按升序排序，结果为（　　）。
   A．7，34，54，66　　　　　　　　B．66，54，34，7
   C．34，54，66，7　　　　　　　　D．以上都不正确

7. 下列数据类型中能够进行排序的是（　　）。
   A．自动编号　　　　　　　　　　B．超链接
   C．OLE 对象　　　　　　　　　　D．备注

8. 条件 between #2005-01-01# and #2005-12-31#表示（　　）。
   A．2005 年 1 月 1 日以前　　　　　B．2005 年 12 月 31 日之后
   C．2005 年期间　　　　　　　　　D．2005 年 1 月 1 日和 12 月 31 日

9. 空数据库是指（　　）。
   A．没有基本表的数据库　　　　　B．没有任何数据库对象的数据库
   C．数据库中数据是空值　　　　　D．没有窗体、报表的数据库

10. 下列占位符中（　　）不可以用于数字。
    A．#　　　　　　　　　　　　　　B．L
    C．A　　　　　　　　　　　　　　D．9

11. 必须输入字母 A～Z 的输入掩码是（　　）。
    A．?　　　　　　　　　　　　B．&
    C．L　　　　　　　　　　　　D．C

基于如下两个表完成 12、13、14 三个小题，其中雇员信息表 EMP 的主键是"雇员号"，部门信息表 DEPT 的主键是"部门号"，并且只设置了实施参照完整性。

EMP

雇员号	雇员名	部门号	工资
001	张三丰	02	2000
010	李连杰	01	1800
056	王羲之	02	2500
101	赵忠祥	04	1500

DEPT

部门号	部门名	地址
01	业务部	3 号楼
02	销售部	3 号楼
03	服务部	1 号楼
04	财务部	4 号楼

12. 若执行下面列出的操作，（　　）操作不能成功执行。
    A．从 EMP 中删除行("010", "李连杰", "01", 1800)
    B．从 EMP 中插入行("102", "华罗庚", "01", 1500)
    C．将 EMP 中雇员号="056"的工资改为 1600 元
    D．将 EMP 中雇员号="101"的部门号改为"05"

13. 若执行下面列出的操作，（　　）操作不能成功执行。
    A．从 DEPT 中删除部门号="03"的行
    B．从 DEPT 中插入行("06", "计划部", "6 号楼")
    C．将 DEPT 中部门号="02"的部门号改为"10"
    D．将 DEPT 中部门号="01"的地址改为"5 号楼"

14. 两表之间的关系属于（　　）。
    A．一对一　　　　　　　　　　B．一对多
    C．多对一　　　　　　　　　　D．以上都不是

15. 查看 10 天前的记录应使用的条件是（　　）。
    A．>Date()-10　　　　　　　　B．Between Date()-10 And Date()
    C．<Date()-10　　　　　　　　D．Between Date() And Date()-10

16. 记录删除操作（　　）。
    A．可以恢复　　　　　　　　　B．不可恢复
    C．可能恢复　　　　　　　　　D．在一定条件下可以恢复

17. 下列说法不正确的是（　　）。
    A．每个表必须有一个主关键字段　　B．主关键字段值唯一
    C．主关键字段可以是一组字段　　　D．主关键字段中不允许重复和空值

18. Access 字段名不能包含字符（　　）。
    A．@　　　　　　　　　　　　B．!
    C．%　　　　　　　　　　　　D．&

19. 表达式('王'<'李')返回的值是（　　）。
    A．False　　　　　　　　　　　B．True

C. -1　　　　　　　　　　　D. 1

20. 关于字段默认值叙述不正确的是（　　）。
   A. 设置文本型默认值时不用输入引号，系统自动添加
   B. 设置默认值时，必须与字段中所设的数据类型相匹配
   C. 设置默认值时可以减少用户输入强度
   D. 默认值是一个确定的值，不能用表达式

21. 下列说法正确的是（　　）。
   A. Access 只能按一个字段排序记录
   B. 使用"高级筛选/排序"窗口只能按同一个次序对多个字段进行排序
   C. 使用"数据表"视图只能对相邻的多个字段实现排序
   D. Access 排序结果和表不能一起保存

22. 为了到达最后一条记录中的第一个字段，使用快捷键（　　）。
   A. Ctrl+↑　　　　　　　　B. Ctrl+↓
   C. Ctrl+Home　　　　　　 D. Ctrl+End

23. 在 Access 2010 中，对表进行筛选操作，下列筛选操作一次要求对多个字段指定筛选条件并且可以指定排序方式的是（　　）。
   A. 高级筛选　　　　　　　B. 按筛选器筛选
   C. 按选定内容筛选　　　　D. 按窗体筛选

24. 如果有一个长度为 2KB 的文本块要存入某一字段，该字段的数据类型应是（　　）。
   A. 字符型　　　　　　　　B. 文本型
   C. 备注型　　　　　　　　D. OLE 对象

二、填空题

31. 关系是通过两张表之间的_____建立起来的。

32. Access 提供了两种字段数据类型保存文本或文本及数字组合的数据，这两种数据类型是文本型和_____。

33. 字段名的最大长度是_____。

34. wh_____可以查找到 what、white 和 why。

35. _____ig 可以查找到 big、cig、dig、pig。

36. 如果定义了表的关系，则删除主键之前必须先将_____删除。

37. 文本型字段的值只能为字母且不允许超过 6 个，则可将该字段的输入掩码属性定义为_____。

38. 使输入前 3 个字符任意，第 4 个和第 5 个字符为"-1"，有效性规则应该设置为_____。

39. 限定"性别"字段值只能为"男"或"女"，那么应该设置该字段的"_____"属性，应设置为_____。

Access 2010 练习题 五

一、单项选择题

1. 关于数据库系统的数据管理方式，下列说法中不正确的是（　　）。
   A. 数据库减少了数据冗余　　　　B. 数据库中的数据可以共享
   C. 数据库避免了一切数据的重复　　D. 数据库具有较高的数据独立性

2. 数据库系统的核心是（　　）。
   A. 数据库管理系统　　　　　　　B. 数据库
   C. 数据模型　　　　　　　　　　D. 数据

3. 用二维表来表示实体及实体之间联系的数据模型是（　　）。
   A. 联系模型　　　　　　　　　　B. 层次模型
   C. 网状模型　　　　　　　　　　D. 关系模型

4. 在教师表中，要找出姓"李"教师的记录，所采用的关系运算是（　　）。
   A. 投影　　　　　　　　　　　　B. 选择
   C. 连接　　　　　　　　　　　　D. 层次

5. 在 Access 2003 中，某数据库的表中要添加一张 Excel 电子表格，则采用的字段类型是（　　）。
   A. OLE 对象数据类型　　　　　　B. 备注数据类型
   C. 查阅向导数据类型　　　　　　D. 自动编号数据类型

6. 有关字段类型，以下叙述错误的是（　　）。
   A. 字段大小可用于设置文本类型字段的最大容量
   B. 有效性规则属性是用于限制此字段输入值的表达式
   C. 不同的字段类型，其字段属性有所不同
   D. 可对任意类型的字段设置默认值属性

7. 要修改数据表中的数据（记录），可在以下哪个选项中进行？（　　）
   A. 报表中　　　　　　　　　　　B. 数据表的查询中
   C. 数据表的数据表视图中　　　　D. 窗体的设计视图中

8. 在 Access 中，要查询所有姓名为 2 个汉字的学生记录，在准则中应输入（　　）。
   A. "LIKE **"　　　　　　　　　B. "LIKE ## "
   C. "LIKE ??"　　　　　　　　　D. LIKE "??"

9. 若要查询成绩为 60～80 分之间（包括 60 分和 80 分）的学生信息，查询条件设置正确的是（　　）。
   A. >=60 OR <=80　　　　　　　　B. Between 60 and 80
   C. >60 OR <80　　　　　　　　　D. IN (60, 80)

10. 创建交叉表查询时，最多只能选择 3 个行标题字段，列标题字段最多选择的个数是（　　）。

   A．1个　　　　　　　　　　B．2个
   C．3个　　　　　　　　　　D．4个

11. 若要查询学生信息表中"简历"字段为空的记录，在"简历"字段对应的"条件"栏中应输入（　　）。

   A．Is not null　　　　　　　B．Is null
   C．0　　　　　　　　　　　D．−1

12. 可用来存储图片的字段对象是以下哪种类型的字段？（　　）

   A．OLE　　　　　　　　　　B．备注
   C．超级链接　　　　　　　　D．查阅向导

13. "订货量大于 0 且小于 9999"的有效性规则是（　　）。

   A．订货量大于 0 且小于 9999　　B．订货量大于 0 OR 小于 9999
   C．>0 AND <9999　　　　　　D．>0 OR <9999

14. "座机电话"字段只能输入 0~9 之间的 8 位数字字符，输入掩码应设置为（　　）。

   A．99999999　　　　　　　　B．00000000
   C．[00000000]　　　　　　　D．99990000

15. 在 Access "学生"表中有"学号""姓名""性别""入学成绩""身高"字段。SQL 语句：

   Select 性别，AVG(入学成绩) FROM 学生　group by 性别，其功能是（　　）。

   A．计算并显示"学生"表中所有学生入学成绩的平均分
   B．对学生表中记录按性别分组显示所有学生的性别和入学平均分
   C．计算并显示"学生"表中所有学生的性别和入学成绩的平均值
   D．对"学生"表中的记录按性别分组显示性别及对应的入学成绩的平均分

16. 在 Access "学生"表中有"学号""姓名""性别""入学成绩""身高"字段。现需查询女生中身高最高的前 3 个学生的记录信息，正确的 SQL 语句是（　　）。

   A．select * from 学生 Where 性别="女" Group by 身高
   B．select * from 学生 Where 性别="女" order by 身高
   C．select TOP 3 * from 学生 Where 性别="女" Group by 身高
   D．select TOP 3 * from 学生 Where 性别="女" order by 身高

17. 在 Access "学生"表中有"学号""姓名""性别""入学成绩""身高"字段。现需查询姓名中含有"娟"和"丽"字的学生信息，正确的 SQL 语句是（　　）。

   A．select * from 学生 Where 姓名="娟" or 姓名="丽"
   B．select * from 学生 Where 姓名="*娟*" or 姓名="*丽*"
   C．select * from 学生 Where 姓名 LIKE "*娟*" or 姓名 LIKE "*丽*"
   D．select * from 学生 Where 姓名 LIKE "娟" AND 姓名="丽"

二、填空

1．在 Access 表中，可以定义 3 种主关键字，它们是_____、_____ _____、_____ _____。

2．查询城市为北京或上海的记录，在查询设计视图的"城市"字段条件行中输入_____ _____。

3．要查询"出生日期"在 1980 年以前的职工，在查询设计视图的"出生日期"字段条件行中输入_____ _____。

4．在 Access 中，窗体的数据来源主要包括_____ _____和_____ _____。

三、判断题

1．在关系数据模型中，二维表的行称为关系的字段或属性，二维表的列称为关系的记录或元组。（   ）

2．在 Access 的数据表中追加一条记录，可以追加到表的任意位置。（   ）

3．Access 中，运算符 Like 中用来通配任何单个字符的是"*"和"?"。（   ）

4．在窗体中创建一个标题，可使用标签控件。（   ）

5．在窗体上选择多个控件应按住 Ctrl 键，然后单击各个控件。（   ）

6．打开需添加背景的数据访问页的设计视图，单击"格式"/"背景"命令，可直接为数据访问页添加背景颜色或背景图片。（   ）

四、简答题

1．操作查询分哪几类？并简述它们的功能。

2．在窗体中，组合框与列表框有何主要区别？

Access 2010 练习题 六

一、单选题（每题 1 分，共 60 分）
1. 存储在计算机存储设备中的、结构化的相关数据的集合是（　　）。
   A．数据处理　　　　　　　　　　B．数据库
   C．数据库系统　　　　　　　　　D．数据库应用系统
2. 在关系数据模型中，域是指（　　）。
   A．字段　　　　　　　　　　　　B．记录
   C．属性　　　　　　　　　　　　D．属性的取值范围
3. 存储在某一种媒体上能够识别的物理符号是（　　）。
   A．数据　　　　　　　　　　　　B．数据处理
   C．数据管理　　　　　　　　　　D．信息处理
4. 在数据库中，下列说法（　　）是不正确的。
   A．数据库避免了一切数据的重复。
   B．若系统是完全可以控制的，则系统可确保更新时的一致性
   C．数据库中的数据可以共享
   D．数据库减少了数据冗余
5. 在数据库中存储的是（　　）。
   A．数据　　　　　　　　　　　　B．数据模型
   C．数据以及数据之间的联系　　　D．信息
6. DBMS 是（　　）。
   A．数据库　　　　　　　　　　　B．数据库系统
   C．数据库管理系统　　　　　　　D．数据处理系统
7. DBS 是指（　　）。
   A．数据　　　　　　　　　　　　B．数据库
   C．数据库系统　　　　　　　　　D．数据库管理系统
8. 下面关于关系描述错误的是（　　）。
   A．关系必须规范化　　　　　　　B．在同一个关系中不能出现相同的属性名
   C．关系中允许有完全相同的元组　D．在一个关系中列的次序无关紧要
9. 数据库系统的特点包括（　　）。
   A．实现数据共享，减少数据冗余
   B．采用特定的数据模型
   C．具有较高的数据独立性，具有统一的数据控制功能
   D．以上各条特点都包括
10. 在关系模型中，任何关系必须满足实体完整性、（　　）和用户自定义完整性。

A. 结构完整性 B. 数据完整性
C. 参照完整性 D. 动态完整性

11. Access 2010 数据库文件的格式是（　　）。
    A. mdb 文件 B. accdb 文件
    C. doc 文件 D. xls 文件

12. 要从"教师"表中找出职称为教授的教师，则需要进行的关系运算是（　　）。
    A. 选择 B. 投影
    C. 连接 D. 求交

13. 关系数据库的任何检索操作都是由 3 种基本运算组合而成的，这 3 种基本运算不包括（　　）。
    A. 连接 B. 关系
    C. 选择 D. 投影

14. 在 Access 中，用来表示实体的是（　　）。
    A. 域 B. 字段
    C. 记录 D. 表

15. 从关系模式中，指定若干属性组成新的关系称为（　　）。
    A. 选择 B. 投影
    C. 连接 D. 自然连接

16. Access 是一个（　　）。
    A. 数据库文件系统 B. 数据库系统
    C. 数据库应用系统 D. 数据库管理系统

17. 关系数据库中，一个关系代表一个（　　）。
    A. 表 B. 查询
    C. 行 D. 列

18. 数据库 DB、数据库系统 DBS、数据库管理系统 DBMS 之间的关系是（　　）。
    A. DB 包含 DBS 和 DBMS B. DBMS 包含 DB 和 DBS
    C. DBS 包含 DB 和 DBMS D. 没有任何关系

19. 数据库系统的核心是（　　）。
    A. 数据模型 B. 数据库管理系统
    C. 数据库 D. 数据库管理员

    数据库文件中包含（　　）对象。
    A. 表 B. 查询
    C. 窗体 D. 以上都包含

20. 如果对一个关系实施了一种关系运算后得到了一个新的关系，而且新的关系中属性个数少于原来关系中属性个数，这说明所实施的运算关系是（　　）。
    A. 选择 B. 投影
    C. 连接 D. 并

21. 一个 Access 数据库包含 3 个表、5 个查询和 2 个窗体，以及 2 个数据访问页，则

该数据库一共需要多少个文件进行存储？（　　）
　　A．12　　　　　　　　　　B．10
　　C．3　　　　　　　　　　　D．1
22．在 Access 中，数据库的核心与基础是（　　）。
　　A．表　　　　　　　　　　B．查询
　　C．报表　　　　　　　　　D．宏
23．一个元组对应表中（　　）。
　　A．一个字段　　　　　　　B．一个域
　　C．一个记录　　　　　　　D．多个记录
24．文本数据类型中，字段大小的取值范围是（　　）。
　　A．0~255　　　　　　　　B．256~256
　　C．0~256　　　　　　　　D．50~255
25．Access 字段名可包含的字符是（　　）。
　　A．"．"　　　　　　　　　B．"！"
　　C．空格　　　　　　　　　D．"[ ]"
26．在 Access 的下列数据类型中，不能建立索引的数据类型是（　　）。
　　A．文本型　　　　　　　　B．备注型
　　C．数字型　　　　　　　　D．日期／时间型
27．定义字段的默认值是指（　　）。
　　A．不得使字段为空
　　B．不允许字段的值超出某个范围
　　C．在未输入数值之前，系统自动提供数值
　　D．系统自动把小写字母转换为大写字母
28．在"Student"表中，若要确保输入的联系电话值只能为8位数字，应将该字段的输入掩码设置为（　　）。
　　A．00000000　　　　　　　B．99999999
　　C．########　　　　　　　D．????????
29．如果"通讯录"表和"籍贯"表通过各自的"籍贯代码"字段建立了一对多的关系，在"一"方表是（　　）。
　　A．"通讯录"表　　　　　　B．"籍贯"表
　　C．都是　　　　　　　　　D．都不是
30．在关系模型中，任何关系必须满足实体完整性、（　　）和用户自定义完整性。
　　A．结构完整性　　　　　　B．数据完整性
　　C．参照完整性　　　　　　D．动态完整性
31．在已经建立的"工资库"中，要在表中直接显示出我们想要看的记录，凡是记录时间为"2003年4月8日"的记录，可用（　　）的方法。
　　A．排序　　　　　　　　　B．筛选
　　C．隐藏　　　　　　　　　D．冻结

32. 下列不能编辑修改的字段类型是（　　）。
    A．文本字段　　　　　　　　B．日期/时间字段
    C．自动编号字段　　　　　　D．数字类型字段
33. 若将文本字符串"12""6""5"按升序排序，则排序的结果为（　　）。
    A．"12""6""5"　　　　　　B．"5""6""12"
    C．"12""5""6"　　　　　　D．"5""12""6"
34. 假设有一组数据：工资为800元，职称为"讲师"，性别为"男"，在下列逻辑表达式中结果为"假"的是（　　）。
    A．工资>800 AND 职称="助教" OR 职称="讲师"
    B．性别="女" OR NOT 职称="助教"
    C．工资=800 AND（职称="讲师" OR 性别="女"）
    D．工资>800 AND（职称="讲师" OR 性别="男"）
35. Access 数据库中，表的组成是（　　）。
    A．字段和记录　　　　　　　B．查询和字段
    C．记录和窗体　　　　　　　D．报表和字段
36. 在下列对关系的描述中，错误的是（　　）。
    A．关系中的列称为属性　　　B．关系中允许有相同的属性名
    C．关系中的行称为元组　　　D．属性的取值范围称为域
37. 在建立查询时，若要筛选出图书编号是"T01"或"T02"的记录，可以在查询设计视图准则行中输入（　　）。
    A．"T01" or "T02"　　　　　B．"T01" and "T02"
    C．in ("T01" and "T02")　　D．not in ("T01" and "T02")
38. 若要查询成绩在60～80分之间（包括60分，不包括80分）的学生的信息，"成绩"字段的查询准则应设置为（　　）。
    A．>60 or <80　　　　　　　B．>=60 And <80
    C．>60 and <80　　　　　　D．IN(60,80)
39. 若上调产品价格，最方便的方法是使用以下（　　）查询。
    A．追加查询　　　　　　　　B．更新查询
    C．删除查询　　　　　　　　D．生成表查询
40. 若要查询姓李的学生，查询准则应设置为（　　）。
    A．Like "李"　　　　　　　　B．Like "李*"
    C．="李"　　　　　　　　　　D．>="李"
41. 若要用设计视图创建一个查询，查找总分在255分以上（包括255分）的女同学的姓名、性别和总分，正确的设置查询准则的方法应为（　　）。
    A．在准则单元格输入：总分>=255　AND　性别="女"
    B．在"总分"准则单元格输入：总分>=255；在"性别"准则单元格输入："女"
    C．在"总分"准则单元格输入：>=255；在"性别"准则单元格输入："女"
    D．在准则单元格输入：总分>=255　OR　性别="女"

42. 下列 SELECT 语句语法正确的是（　　）。
    A. SELECT * FROM '教师表' WHERE ='男'
    B. SELECT * FROM '教师表' WHERE 性别=男
    C. SELECT * FROM 教师表 WHERE =男
    D. SELECT * FROM 教师表 WHERE 性别='男'
43. 向导创建交叉表查询的数据源是（　　）。
    A. 数据库文件   B. 表
    C. 查询   D. 表或查询
44. 以下条件表达式合法的是（　　）。
    A. 学号 Between 05010101 And 05010305   B. [性别]="男" Or [性别]="女"
    C. [成绩] >= 70 [成绩] <= 85   D. [性别] Like "男"= [性别] = "女"
45. 为了限制学生表中只能输入"1988年9月10日"以前出生的学生情况，可对"出生日期"字段进行有效性规则设置，规则表达式的正确表述形式为（　　）。
    A. >#1988-09-10#   B. <#1988-09-10#
    C. >[1988-09-10]   D. <[1988-09-10]
46. 为了限制"性别"字段只能输入"男"或"女"，该字段"有效性规则"设置中正确的规则表达式为（　　）。
    A. [性别]="男" and [性别]="女"   B. [性别]="男" or [性别]="女"
    C. 性别="男" and 性别="女"   D. 性别="男" or 性别="女"
47. 为了限制"年龄"字段输入值在16到25之间(含16和25)，可以在表设计器中设置该字段的"有效性规则"，以下规则表达式中错误的是（　　）。
    A. [年龄] between 16 and 25   B. [年龄]>=16 and [年龄]<=25
    C. 16<= [年龄] <=25   D. >=16 and <=25

二、判断题
1. 视图是 Access 数据库中的对象。　　　　　　　　　　　　　　　（　）
2. 在同一个关系中不能出现相同的属性名。　　　　　　　　　　　　（　）
3. 可以在"记录编号"框中输入记录编号来定位记录。　　　　　　　（　）
4. 自动编号类型的字段的值不能修改。　　　　　　　　　　　　　　（　）
5. 被删除的自动编号型字段的值会被重新使用。　　　　　　　　　　（　）
6. "*"标记表示用户正在编辑该行的记录。　　　　　　　　　　　　（　）
7. 删除某条记录后，能用功能区上的"撤销"按钮来恢复此记录。　　（　）
8. 对任意类型的字段可以设置默认值属性。　　　　　　　　　　　　（　）
9. 默认值是一个确定的值，不能用表达式。　　　　　　　　　　　　（　）
10. 对记录按日期升序排序，较早的日期显示在前。　　　　　　　　（　）
11. 创建数据表时，必须定义主键。　　　　　　　　　　　　　　　（　）
12. 查询不仅能检索记录，还能对数据进行统计。　　　　　　　　　（　）
13. 使用准则 LIKE"四川?"查询时可以查询出"四川省"和"四川成都"。（　）

14．在同一条件行的不同列中输入多个条件，它们彼此的关系为逻辑与关系。（   ）

15．使用 SQL 语句创建分组统计查询时，应使用 ORDER BY 语句。（   ）

16．参数查询通过运用查询时输入参数值来创建动态的查询结果。（   ）

三、填空题

1．用二维表的形式来表示实体之间联系的数据模型叫做_____。

2．DBMS 的意思是_____。

3．在关系数据库的基本操作中，把两个关系中相同属性值的元组连接到一起形成新的二维表的操作称为_____。

4．在关系数据库的基本操作中，从表中取出满足条件的元组的操作称为_____。

5．如果在创建表中建立字段"姓名"，其数据类型应当是_____。

6．在人事数据库中，建表记录人员简历，建立字段"简历"，其数据类型应当是_____。

7．如果在创建表中建立字段"性别"，并要求用逻辑值表示，其数据类型应当是_____。

8．能够唯一标识表中每条记录的字段称为_____。

9．操作查询共有删除查询、追加查询、更新查询和_____。

10．根据对数据源操作方式和结果的不同，查询可以分为 5 类：选择查询、交叉表查询、_____、操作查询和 SQL 查询。

11．书写查询准则时，日期值应该用_____括起来。

12．表达式 year(date())+14 的运算结果为_____。

13．接上题，其结果数据类型为_____。

反侵权盗版声明

电子工业出版社依法对本作品享有专有出版权。任何未经权利人书面许可,复制、销售或通过信息网络传播本作品的行为;歪曲、篡改、剽窃本作品的行为,均违反《中华人民共和国著作权法》,其行为人应承担相应的民事责任和行政责任,构成犯罪的,将被依法追究刑事责任。

为了维护市场秩序,保护权利人的合法权益,我社将依法查处和打击侵权盗版的单位和个人。欢迎社会各界人士积极举报侵权盗版行为,本社将奖励举报有功人员,并保证举报人的信息不被泄露。

举报电话:(010)88254396;(010)88258888
传　　真:(010)88254397
E-mail:　dbqq@phei.com.cn
通信地址:北京市海淀区万寿路173信箱
　　　　　电子工业出版社总编办公室
邮　　编:100036